KB275322

국내외 메디푸드관련 산업분석보고서 2023개정판

저자 비피기술거래 비피제이기술거라

㈜ 비티타임즈

<목차>

01

1. 서론

[그림 1] 메디푸드

　전 세계적으로 고령화와 만성 질환의 증가는 큰 이슈로 대두되고 있다. 국내 또한 고령화는 큰 문제로 대두되고 있으며, 이웃나라인 일본은 이미 초고령화 사회에 진입 해있다. 이처럼 고령화와 만성 질환이 증가하면서 의료용 식품에 대한 소비자의 인식 또한 증가하고 있다. 또한, 과거와 달리 환자의 건강관리에 있어 식이의 중요성에 대 한 인식이 증가하면서 최근 메디푸드 시장이 두드러지고 있다.

　메디푸드는 식품에 속하지만 일반 식품보다 엄격한 관리와 규제를 받고 있는 제품으 로 각 국에서 다른 용어를 사용하여 이를 정의하고 있다. 한국에서는 특수의료용도등 식품으로 정의하여 사용하고 있다.

　국내 메디푸드 시장은 2019년 기준 786억 원으로 큰 규모가 아니었지만, 평균 13.8%의 성장률을 보이며 빠르게 성장하고 있다. 또한, 세계 메디푸드 시장 규모는 2021년 기준 78억달러로 향후에도 연평균 7.95% 가량 성장할 것으로 전망되며 국내·외로 빠른 성장이 예상된다.

　본 보고서에서는 이처럼 고령화와 만성 질환의 증가로 인해 빠르게 성장하고 있는 메디푸드 시장에 대하여 살펴보고, 소비자들이 메디푸드와 가장 유사하다고 판단하는 고령친화식품에 대해 추가적으로 살펴보고자 한다.

---

1) 의사들이 추천하는 5가지 슈퍼푸드, 코리아헤럴드, 2014.07.10

02

메디푸드 개요

2. 메디푸드 개요
가. 메디푸드의 정의2)3)

  메디푸드는 한국에서는 특수의료용도등식품으로, 미국에서는 medical foods로, 유럽에서는 FSMPs4), 특정의료용도식품으로, 일본에서는 특수용도식품으로 정의되어 사용되고 있다. 이처럼 메디푸드는 세계 여러 나라에서 서로 다른 용어로 정의되고 있지만, 공통적으로 장관의 기능은 정상이나 경구로 충분한 식사를 공급하기 어려운 환자의 영양상태를 증진시키기위한 제품을 뜻한다.

  환자용 영양식품은 의료인의 감독하에서만 사용하여야 하고, 일반 식품 또는 특정 영양소를 함유한 식품의 섭취, 소화, 흡수, 대사 능력이 제한되거나 일반적인 식이의 변형 또는 다른 특수용도식품 또는 이들의 조합으로는 식이관리가 불가능한 사람의 식사를 단독 또는 부분적으로 대신하는 식품으로 정의된다.

  한국에서의 메디푸드 정의에 대해 조금 더 살펴보자면, 메디푸드는 한국에서 특수의료용도등식품으로 정의되어있으며, 식품공전 기준 특수의료용도등식품은 특수용도식품의 하위 품목에 포함되어 있다. 우선 특수용도식품의 정의를 살펴보면, 영·유아, 병약자, 노약자, 비만자 또는 임산·수유부 등 특별한 영양관리가 필요한 특정 대상을 위하여 식품과 영양성분을 배합하는 등의 방법으로 제조·가공한 것으로, 조제유류, 영아용 조제식, 성장기용 조제식, 영·유아용 곡류조제식, 기타 영·유아식, 특수의료용도등식품, 체중조절용 조제식품, 임산·수유부용 식품을 말한다.

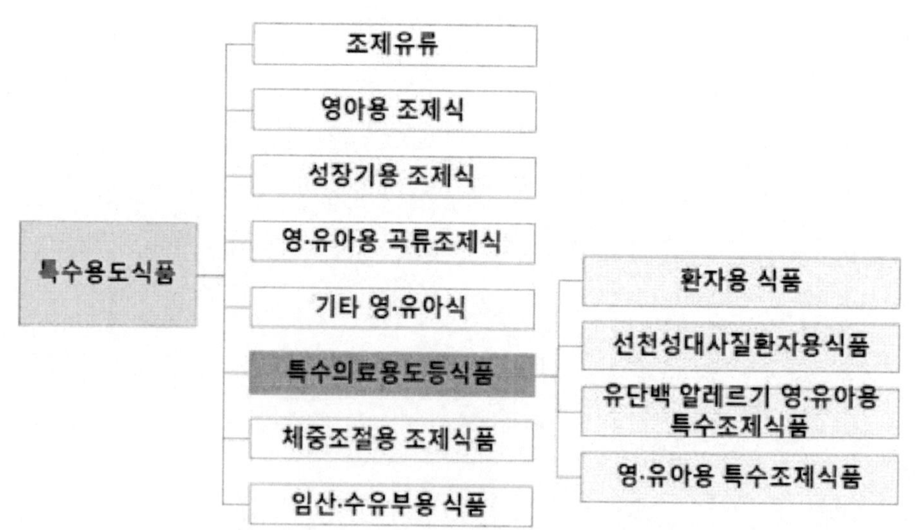

[그림 3] 식품공전 기준 특수의료용도등식품 구분

---

2) 2020 해외 우수 식품특허 트렌드북I, 농업기술실용화재단, 2020
3) 2018 가공식품 세분시장 현황, 특수의료용도등식품 시장, 농림축산식품부, 2018
4) Food for special medical purposes, 특정의료용도식품

특수의료용도등식품의 식품유형은 식품공전이 개정되면서 2018년 1월 1일부터 새로운 유형분류로 적용되었다. 개정 이전에는 9개의 유형으로 분류하였으나, 개정 과정을 통해 환자용균형영양식, 당뇨환자용식품, 신장질환자용식품, 장질환자용 가수분해식품, 연하곤란환자용 점도증진식품, 열량 및 영양공급용 의료용도식품을 '환자용식품'으로 통합하고, 선천성대사질환자용 식품, 유단백 알레르기 영·유아용 특수조제식품, 영·유아용 특수조제식품은 그대로 유지되었다. 6개의 식품유형을 1개의 환자용식품으로 통합한 이유는 주요 질환 이외에 다양한 질환별 환자용식품이 제조되어 판매될 수 있도록 하기 위함이다.

구분	개정 전 (2017년 12월 31일까지)	개정 후 (2018년 1월 1일부터 적용)
대분류	19. 특수용도식품	10. 특수용도식품
중분류	19-5. 특수의료용도등식품	10-6. 특수의료용도등식품
식품유형	(1) 환자용균형영양식 (2) 당뇨환자용 식품 (3) 신장질환자용 식품 (4) 장질환자용가수분해식품 (5) 연하곤란자용 점도증진식품 (6) 열량 및 영양공급용 의료용도식품 (7) 선천성대사질환자용 식품 (8) 유단백 알레르기 영·유아용 특수조제식품 (9) 영·유아용 특수조제식품	(1) 환자용식품 <삭제> <삭제> <삭제> <삭제> <삭제> (2) 선천성대사질환자용 식품 (3) 유단백 알레르기 영·유아용 특수조제식품 (4) 영·유아용 특수조제식품

[표 1] 특수용도식품 주요 개정 내용

① 환자용 식품

환자용 식품은 환자에게 필요한 영양성분을 균형 있게 제공할 수 있도록 영양성분을 조정하여 제조·가공한 것으로 환자의 식사 일부 또는 전부를 대신할 수 있는 제품을 말하며, 선천성 대사질환자용 식품, 유단백 알레르기 영·유아용 조제식품, 영·유아용 특수조제식품에 속하는 것은 제외된다.

② 선천성대사질환자용 식품

선천성대사질환자용 식품은 질환자를 위하여 체내에서 대사되지 않는 성분을 제거 또는 제한하거나 다른 필요한 성분을 첨가하여 제조·가공한 제품을 말하며, 여기서 선천성대사질환이라 함은 유전자의 이상으로 태어날 때부터 생화학적 대사결함이 있어 물질대사효소의 불능 또는 물질의 이송결함 등으로 유해물질이 축적되거나 필요한 물질이 결핍되는 질환을 말한다.

그 예로는 페닐케톤뇨증, 갑상선기능저하증, 갈락토오스혈증, 호모시스틴뇨증, 단풍
당뇨증, 선천성 부신 과형성증 등의 아미노산, 유기산, 탄수화물, 지방 및 지방산, 무
기질 등 대사이상 질환 등이 있다

③ 유단백 알레르기 영·유아용 조제식품

유단백 알레르기 영·유아용 조제식품은 우유단백질에 과민하거나 알레르기 질환 가
족력이 있는 고위험군 영·유아를 대상으로 모유 또는 조제 유류를 대신하기 위해 제
조·가공된 것으로, 유단백가수분해물 또는 아미노산만을 단백질 원료로 사용하여 무기
질, 비타민 등 영양성분을 첨가하여 만든 조제식을 말한다. 다만, 조제유류, 영아용
조제식, 성장기용 조제식, 영·유아용 곡류조제식, 기타 영·유아식 및 선천성대사질환자
용식품으로 분류되는 것은 제외된다.

④ 영·유아용 특수조제식품

영·유아용 특수조제식품은 정상적인 영·유아용(0~36개월)과 생리적 영양요구량이 상
당히 다른 미숙아 또는 조산아 등을 위하여 영양공급을 목적으로 조제된 것을 말한
다. 다만, 조제유류, 영아용 조제식, 성장기용 조제식, 영·유아용 곡류조제식, 기타 영·
유아식, 선천성대사질환자용식품 및 유단백 알레르기 영·유아용 조제식품으로 분류되
는 것은 제외된다.

영·유아용 특수조제식품은 일동후디스, 남양유업 등과 같은 조제분유를 만드는 회사
에서 주로 생산하고 있어, 일반적으로 환자용 식품으로 보는 특수의료용도등식품과는
다소 차이가 있다.

나. 환자용 식품 특징[5]

　환자용 식품의 종류는 크게 경구섭취용(입으로 먹는 종류)과 경관급식용(관을 통해 주입하는 종류) 두 가지로 나누어 볼 수 있다. 경구섭취용은 식사 섭취는 가능하지만 식사를 대신하거나 식사량이 부족할 때 충분한 영양섭취를 위해 활용 할 수 있는 식품으로, 일반적으로 액체, 분말, 젤리 형태 등으로 제품이 출시되고 있다.

　경관급식용은 환자의 의식이 없거나 씹고 삼키는 능력이 떨어져 입으로 음식물 섭취가 불가능하거나 또는 많이 부족한 경우, 소화기관(위장관)에 연결된 급식관(튜브)을 통해 영양을 공급해야 할 때 사용할 수 있는 식품으로 액체 및 분말형태의 제품으로 많이 출시되고 있다.

구분	경구섭취용	경관급식용
특징	• 필수적인 영양소의 일부 또는 전부 함유 • 액상, 분말, 젤리 등 형태가 다양하여 기호에 따라 선택 가능	• 필수적인 영양소의 대부분 함유 • 위장관에 연결된 급식관을 이용하여 제공 • 질환(당뇨, 신장질환 등), 영양소의 조성(농축, 섬유소 조절 등) 및 형태(캔, 분말, 팩 등)에 따라 제품 구분
준비순서	1) 적합한 제품 고르기 2) 얼마나 먹을지 결정하기 　• 식사대용 : 개인의 한끼 열량요구량만큼 환자용식품으로 섭취, 성인의 경우 한끼에 2~4캔(1일 6~12캔) 정도 　• 식사보충용 : 부족한 식사량만큼 환자용식품으로 섭취, 식사를 1/3정도 남긴 경우 1캔 정도 　• 영양보충용 : 특정 영양소(예를 들어, 단백질)를 추가 섭취하고자 하는 경우, 필요한 영양소 함량을 계산하여 섭취량 결정, 예를 들어 단백질 보충식품 1포 섭취 시 단백질 8g 섭취 가능	1) 경관급식에 필요한 준비물 확인(일회용 위생장갑, 계량기구, 경관급식 환자용식품, 주입용기, 급식관, 세척할 물 등) 2) 손 소독제로 손을 깨끗하게 건조 3) 건조시킨 손에 위생장갑을 착용 4) 제품 개봉 전 충분히 흔들어 내용물 혼합 5) 경관급식 환자용식품 종류에 따라 주입용기에 준비 　• 캔 또는 분말의 경우 : 내용물과 함께 주입용기를 사용하여 주입 　• 포장된 팩(RTH[6]) : 용기없이 바로 주입 가능 6) 주입용기 또는 RTH 제품을 행거에 검 7) 클램프 롤러를 조절하여 주입속도 맞춤 8) 경관급식 환자용 식품의 주입 시작하고 주입 전, 후에는 정수기물 또는 실온의 생수 30~50mL를 이용하여 관 세척

[표 2] 경구섭취용, 경관급식용 비교

5) 2018 가공식품 세분시장 현황, 특수의료용도등식품 시장, 농림축산식품부, 2018

	경구섭취용	경관급식용
섭취 전 준비사항	• 제품의 상태(찌그러진 곳, 유통기한 등)를 반드시 확인 • 섭취 전 손을 반드시 씻고, 기구는 청결한 상태로 준비 • 제품(특히 캔) 개봉 시 날카로운 부분 주의 • 1회 섭취량을 확인하고, 알맞은 양만큼만 개봉하여 제조 • 포장된 제품을 직접 중탕하거나 전자레인지에 데우지 않기(성분이 변질되거나 터질 염려)	• 제품의 상태(찌그러진 곳, 유통기한 등)를 반드시 확인 • 주입 전 손을 반드시 씻고, 기구는 청결한 상태로 준비 • 식품이나 영양소에 대한 알레르기가 있는 경우, 제품의 원료성분 확인 • 제품(특히 캔) 개봉 시 날카로운 부분 주의 • 1회 섭취량을 확인하고, 알맞은 양만큼만 개봉하여 제조 • 포장된 제품을 직접 중탕하거나 전자레인지에 데우지 않기(성분이 변질되거나 터질 염려)
섭취 시 확인사항	• 섭취 분량이 맞는지 확인 • 위생을 위해 컵에 따라 마실 것을 권장 • 모든 제품은 실온상태로 천천히 섭취	• 주입 분량이 맞는지 확인 • 환자용식품은 정맥으로 투여해서는 안 됨 • 경관급식용 환자용식품을 주스, 요구르트 등 산미가 있는 음료와 혼합하면 안 됨(단백질 성분 응고로 인해 급식관이 막히는 문제 발생) • 경관급식 전에 약 30~50mL의 물(정수기 또는 생수)로 급식관 세척 확인 • 모든 제품은 실온상태로 천천히 공급
섭취 후 고려사항	• 섭취 후 불편감이 발생하는 경우 전문가와 반드시 상의(구토, 메스꺼움, 설사, 변비, 복부팽만감, 식도역류, 복부통증 등) - 개봉하고 남은 제품은 보관환경에 따라 쉽게 변질 가능 • 섭취 시 이용했던 그릇, 도구 등 깨끗하게 세척 • 개봉하지 않은 제품은 상온(15~25℃ 실내온도)에서 보관하고, 온도가 높거나(40℃ 이상) • 습도가 높은 곳의 보관 제한	• 경관급식 후 약 30~50mL의 물(정수기 또는 생수)로 급식관 세척 • 주입 후 불편감이 발생하는 경우 전문가와 반드시 상의(구토, 메스꺼움, 설사, 변비, 복부팽만감, 식도역류, 복부통증 등) • 개봉하고 남은 제품은 보관환경에 따라 쉽게 변질 가능 • 섭취시 이용했던 그릇, 도구 등 깨끗하게 세척 • 개봉하지 않은 제품은 상온(15~25℃ 실내온도)에서 보관하고, 온도가 높거나(40℃ 이상)습도가 높은 곳의 보관 제한

[표 3] 경구섭취용, 경관급식용 비교

---

6) RTH: Ready To Hang의 약어로 세균오염을 최소화하기 위해 멸균 처리된 포장된 제품을 그대로 주입하는 방법을 의미함

03

메디푸드 시장동향

3. 메디푸드 시장동향

가. 세계 동향[7][8]

글로벌 리서치 그룹인'Grand View Research'사에 따르면 2015년 123억 달러, 2018년 172억 달러, 2022년 197억 달러 수준으로 2026년 295.4억 달러까지 커질 것으로 관측된다. 이러한 시장 규모의 성장 원인으로는 질병으로 인한 영양 부족 증가, 만성 질환의 유행 증가, 전 세계적인 노인 인구 증가, 당뇨병, 알츠하이머, 집중력 결핍 장애(ADHD) 등 질병의 치료 요법의 일환으로 환자의 영양 요구 사항을 지원하는 데 있어서 의료용 식품의 중요성이 커지고 있기 때문이다.

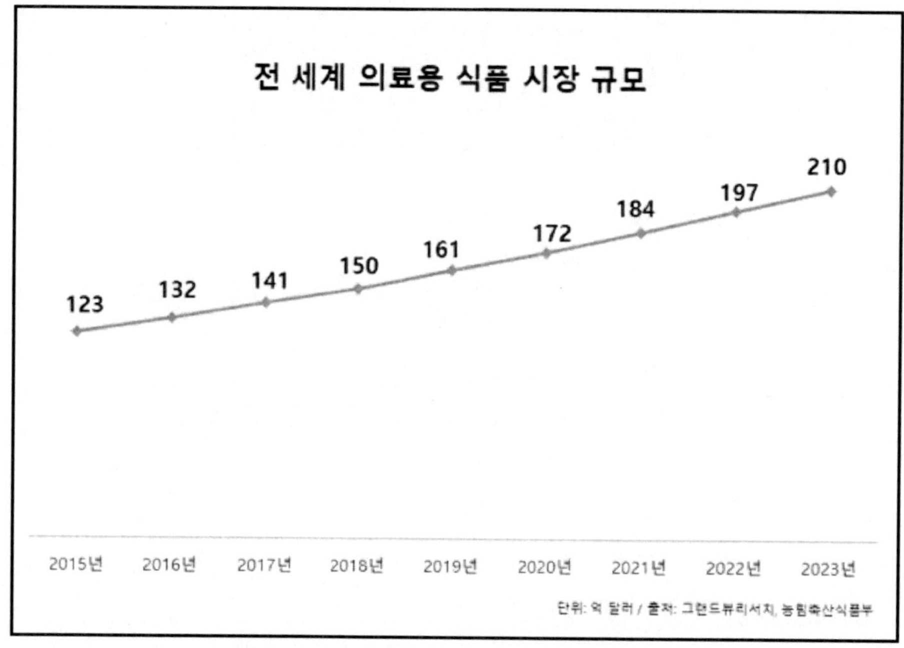

그림 5 세계 의료용 식품 시장 규모 (단위: 억 달러)

세계 의료용 식품(Medical Food) 시장은 북미, 유럽, 아시아태평양 지역이 주요 시장을 구성하며, 2018년 기준 북미와 유럽이 전체 시장 매출의 약 64%를 차지하고 있고, 이들 지역의 의료용 식품시장은 매년 3.5% 이상의 성장을 기록하고 있다.

---

7) 2022 가공식품 세분시장 현황, 특수의료용도등식품 시장, 농림축산식품부, 2022
8) 2021 해외 우수 식품특허 트렌드북I, 농업기술실용화재단, 2021

1) 국가별 동향[9][10]
가) 일본

일본은 환자, 영유아, 노인 등 정상적인 식사가 어려운 사람들을 위한 특별한 목적의 식품을 특별용도식품이라고 하며, 이러한 특별용도식품에는 의료용 식품에 해당하는 병자용식품(Foods for patient)과 연하곤란자용 식품 등이 포함되어 있다.

일본의 병자용식품은 저나트륨, 저단백질식품, 알레르겐제거식품, 무유당식품, 종합영양식품(유동식)으로 구분할 수 있으며, 섭취하기 쉽게 음료형, 분말형으로 판매되고 있는 것이 특징이다. 연하곤란자용 식품은 고령자용 식품으로도 불리지만, 대상은 고령자에 한하지 않고 여러 가지 질병에 의한 장애가 있는 사람도 연하곤란자용 식품의 대상이 된다.

시장 조사·컨설팅 회사인 SEED PLANNING에 따르면, 병자용식품 시장 규모는 2020년 약 395억 엔에서 2025년에는 464억 엔에 이를 것으로 전망된다.

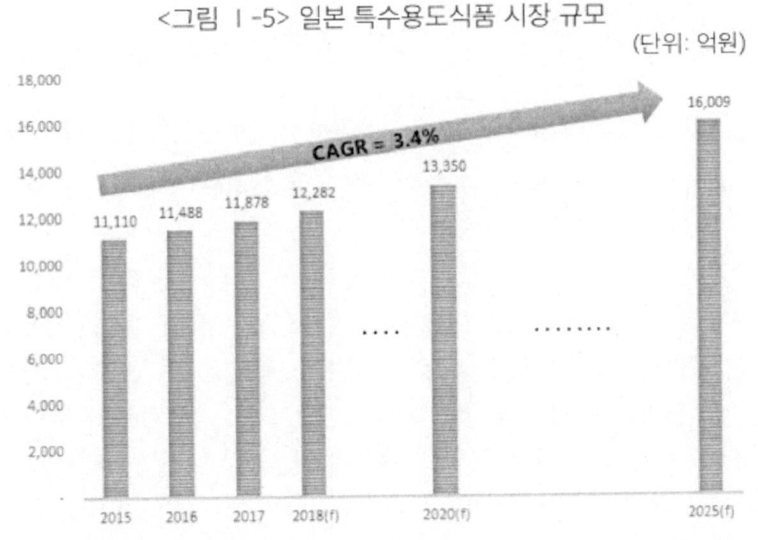

<그림 Ⅰ-5> 일본 특수용도식품 시장 규모

* 출처: http://news.heraldcorp.com/view.php?ud=20181026000156

그림 6 일본 특수용도식품 시장 규모

일본은 다른 나라에 전례 없는 속도로 고령화가 진행되고 있다. 2015년 9월 65세 이상 인구는 3,384만 명으로 총인구에서 차지하는 65세 이상 노인 비율(고령화율)은 26.7 %로 사상 최고를 기록하였다. 총무성 통계국에 따르면 이 비율은 앞으로도 계속 상승해 베이비붐 세대(1971~74년생)가 노인이 되는 2040년의 고령화율은 36.1%

---

9) 2022 가공식품 세분시장 현황, 특수의료용도등식품 시장, 농림축산식품부, 2022
10) 2021 해외 우수 식품특허 트렌드북Ⅰ, 농업기술실용화재단, 2021

가 될 전망이다. 이러한 시대 배경을 토대로 고령자 및 병자용식품의 수요는 해마다 높아지고 있어 시장은 연간 3~5% 내외의 성장을 계속하고 있다.

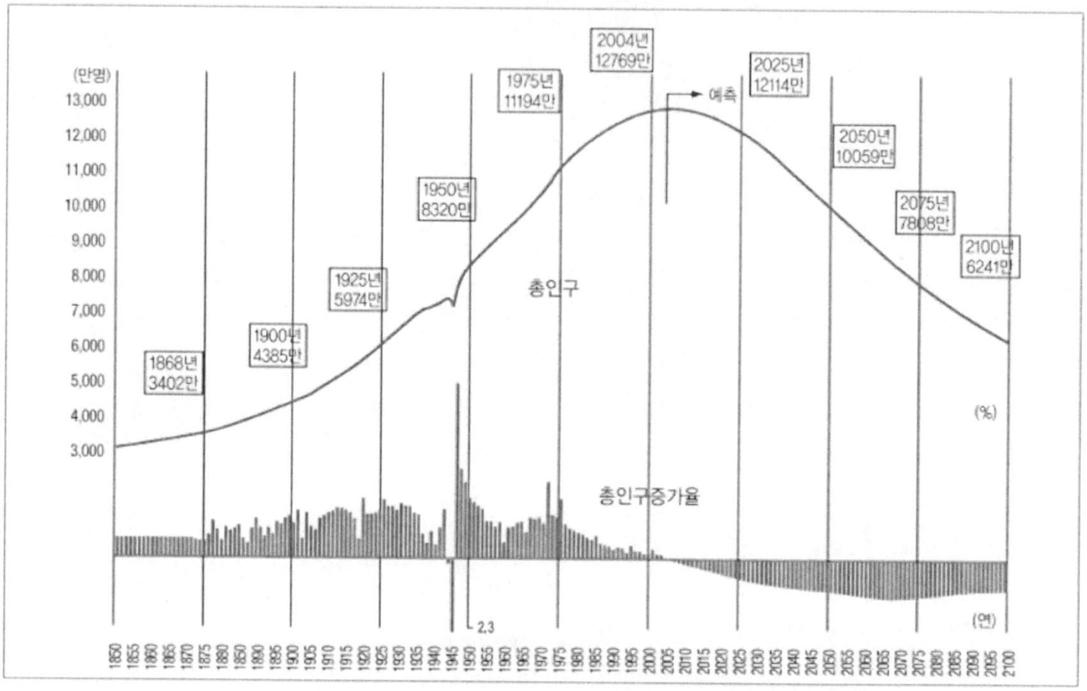

그림 7 일본의 저출산·고령화대책과 시사점, 재정포럼 현안분석

미국과 유럽에서 의료용 식품이 약품과 식품의 중간단계 관리체계 하에 독립된 영역으로 관리되는 것과는 달리, 일본에서는 식품과 약품 두 가지 형태로 관리된다. 환자용 식품이지만 의약품일 경우 입원·외래환자에게 의사의 처방으로 약제과를 통해 영양과를 거쳐 유통되고, 식품일 경우 의사의 처방과 지시 없이 영양과에서 곧바로 환자에게 공급되거나 소매업자를 통해 소비자에게 공급된다. 의약품인 경우에는 입원환자 및 외래 환자에게 의료보험이 적용되나, 식품인 경우에는 입원환자에 한하여 식사요양비가 적용된다.

일본의 병자용식품은 저나트륨, 저단백질식품, 알레르겐제거식품, 무유당식품, 종합영양식품(유동식) 으로 구분할 수 있으며, 섭취하기 쉽게 음료형, 분말형으로 판매되고 있는 것이 특징이다. 일본 내 주요 기업으로는 탈수환자용 제품 등을 제조·판매하는 오츠카제약, 무유당 제품 등을 제조·판매하는 메이지 등이 있다.

제조사	대표제품명	제품 설명	제품 이미지
닛신오일리오그룹	레나케어 칼로리믹스	단백질이 전혀 함유되지 않은 에너지 보충식품. 비타민, 철, 아연 등을 보충할 수 있는 환자용음료	
오츠카제약	OS-1파우더	물에 녹여서 사용하는 파우더 타입으로, 전해질과 당질의 배합밸런스를 고려한 경구보수액 분말. 경도~중도의 탈수상태 환자가 수분, 전해질을 보충, 유지하는데 적합한 환자용식품	
유키지루시빈스토크	펩디에트	알레르겐, 유당 제거식품. 유키지루시빈스토크가 개발한 효소분해 기술을 사용해 알레르기의 원인인 단백질을 분해한 식품	
메이지	미르피HP	무유당 식품. 유청단백질을 효소분해하고 유당을 함유하지 않아 지방질, 탄수화물, 비타민, 미네랄을 섭취할 수 있는 식품	
기린 홀딩스	하쓰가오무기	위장성대장염 환자용 식품. 발아한 보리로 조제한 경증~중증 위장성 대장염 환자를 위한 식품으로 변의 상태를 개선해줌	

[표 4] 병자용식품 대표 제조사 및 제품

연하곤란자용식품의 시장 규모는 2012년 215억 엔, 2013년 228억 엔, 2014년 235억 엔, 2015년 244억 엔, 2016년 254억 엔으로 꾸준히 증가하여 2012년 대비 2016년 18.1% 성장률을 보이고 있다. 동일한 성장률을 적용하면, 향후 일본의 연하곤란자용식품의 시장 규모는 2024년 354억 엔의 규모로 성장할 것으로 전망된다.

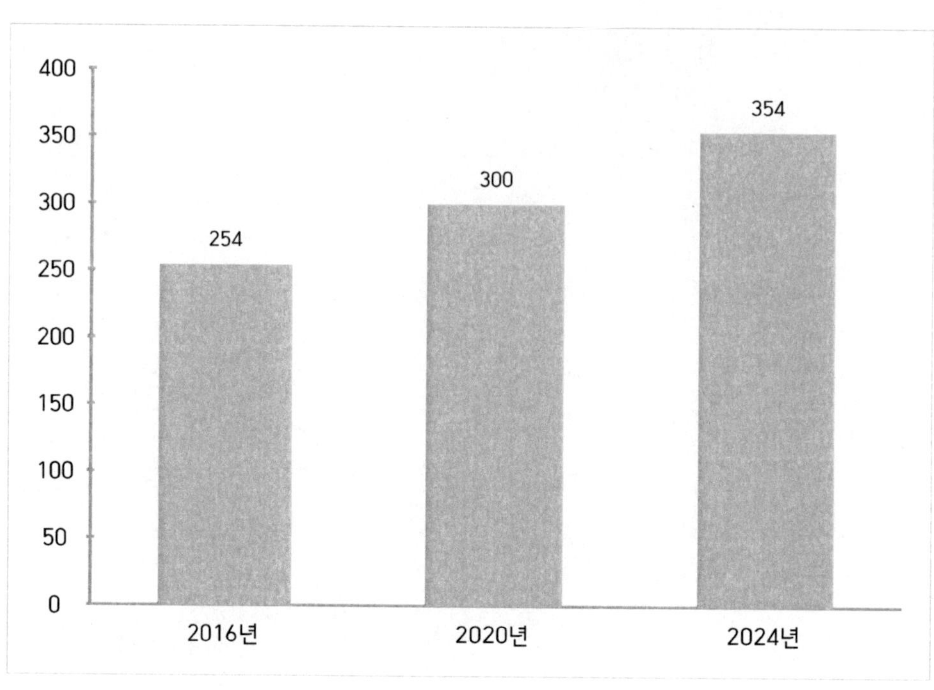

[그림 13] 일본 연하곤란자용식품 시장 규모 전망 (단위: 억 엔)

연하곤란자용식품의 성장은 앞서 병자용식품과 마찬가지로 고령인구 증가와 연관이 있는데, 이는 연하곤란환자용식품 뿐만 아니라 저작곤란자식품, 농후유동식, 영양보충 식품의 시장규모가 향후도 안정적으로 확대될 것이라는 것을 의미하기도 한다. 일본 연하식의 성장은 10~15년은 계속될 것이라는 견해가 많은데, 이는 연하식의 인지도가 낮지만, 연하곤란자에 대한 이해도가 상승하고 있기 때문이다.

연하곤란자용 식품은 연하곤란자를 위해 삼키기 쉬운 제품이나 삼키기 쉽게 만든 가공식품으로 점성 증가식품(점도조정식품, 젤화제), 디저트 기반식품, 수분보충 젤리가 있다.

제조사	대표제품명	제품 설명	제품 이미지
네슬레 일본	아이소칼젤리HC	에너지 보충이 주 목적으로, 단백질과 필수 아미노산 섭취를 위한 연하식	

[표 5] 연하곤란자용 식품 대표 제조사 및 제품

제조사	대표제품명	제품 설명	제품 이미지
주식회사 류가쿠산	라쿠라쿠 후쿠야쿠 젤리	연하곤란환자들이 약을 복용할 때 약을 넣어서 삼킬 수 있도록 도와주는 연하보조식품	
뉴트리 주식회사	아이소토닉 젤리	연하곤란자용 식품마크를 취득한 수분보충용 젤리	
오츠카제약	엔게리도	에너지와 탄수화물을 포함한 부드럽고 삼키기 쉬운 제품으로 연하곤란자가 취급하기 쉬운 제품	
메이지	매이밸런스 소프트 젤리	단백질, 비타민, 식이섬유, 칼슘, 아연 등 10종류의 미네랄을 섭취할 수 있는 에너지 젤리	

[표 6] 연하곤란자용 식품 대표 제조사 및 제품

특정보건용식품은 신체의 생리학적 기능 등에 영향을 미치는 보건기능성분을 포함하고 있는 제품으로, 주로 음료형, 분말형, 고체형으로 판매되고 있다.

제조사	대표제품명	제품 설명	제품 이미지
네슬레일본(주)	밀로	프락토올리고당으로 튼튼한 뼈를 만들어 주는 칼슘 흡수를 촉진시키는 분말청량음료	
오츠카제약	화이브미니	식생활에서 부족하기 쉬운 식물섬유를 쉽게 섭취하여 장 운동에 도움을 주는 식물섬유음료	

[표 7] 특정보건용 식품 대표 제조사 및 제품

제조사	대표제품명	제품 설명	제품 이미지
아사히마쓰식품(주)	오나카 낫토	낫토균 K-2 작용으로 장내 비티더스균을 늘리고 장 운동에 도움을 주는 제품	
㈜메이지	메이지리카르덴트 TM밀크	충치의 원이이 되는 탈회 부분의 재석회화를 증강시키는 CPP-ACP를 배합하여 건강한 치아를 만드는데 도움을 주는 우유	
피브로제약(주)	젤리쥬스 이사골	과도한 콜레스테롤 섭취를 억제하고 장 운동을 도와주는 식물섬유가 풍부하게 함유된 사이리움종피를 원료로 하는 젤리쥬스. 혈청콜레스테롤을 저하시킬 수 있으므로 높은 콜레스테롤 수치가 고민인 사람, 장 건강이 걱정인 사람의 식생활 개선에 도움이 되는 제품	

[표 8] 특정보건용 식품 대표 제조사 및 제품

나) 미국

미국의 특수의료용도등식품은 의료용식품(Medical Food)으로 '특정 질환자의 식이 조절을 위한 목적과 과학적 원칙을 토대로 설계하고 의학적 평가를 거쳐, 제정된 영양소 요구량에 따라 가공한 식품'으로 정의된다.

Medical Food는 의사의 감독 아래에서 섭취하거나 장관으로 투여되도록 가공된 식품으로 최소 네 가지 조건을 만족해야한다.

① 일상적인 상태에서 사용되는 자연식품과 대조적으로, 기존의 식사를 부분적으로 보완하거나 완전히 대체하기 위해 특별히 조제되고 가공된 식품으로서 경구로 섭취하는 음식이거나 관을 통한 경관용 식품이어야 한다.
② 치료 또는 만성질환 때문에 일반식품을 섭취하거나 영양소의 소화, 흡수, 또는 대사 능력이 제한되거나 손상되어 일반적인 식단의 변형만으로 식이관리를 할 수 없는 경우 식이 관리를 목적이어야 한다.
③ 의학적 평가에 따라 특별한 질병으로 인해 발생하는 독특한 영양요구량의 관리를 위해 특별히 변형된 영양을 지원해야한다.
④ 의사의 관리 하에 사용되도록 고안되었으며, 환자에게는 환자용식품의 사용에 대한 반복적인 지도가 필요하다.

Medical Food는 섭취, 소화, 흡수, 신진대사 등의 작용 장애가 있는 사람들을 위한 식품으로, 단순한 증상이나 질병 예방을 위해 추천되는 식품이 아니다. 또한, 임신은 질병으로 여겨지지 않으며, 당뇨 역시 일반적 질병으로 분류되어 이와 관련된 식품은 Medical Food로 분류하지 않는다.

의료용 식품(메디푸드) 시장은 2021년 기준 64억 달러의 규모를 형성하고 있으며 2016년 17억 5천만 달러 대비 266% 성장하였다. 이후 2021년부터 2028년까지 연평균 4.3%의 성장률을 보이며 성장할 것으로 전망된다.

의료용 식품 카테고리 중 가장 큰 점유율을 차지하는 품목은 신진대사장애환자 식품인데, 미국 의료용 식품 시장의 약 40%(6억 6천만 달러)를 차지하고 있으며 연 평균 10.0%의 성장세를 나타내고 있다.

세계 의료용식품(Medical Food) 시장은 북미, 유럽, 아시아태평양 및 나머지 세계(RoW)로 구분되는데, 북미 및 유럽이 대부분의 시장을 차지하고 있다. 북미는 전체시장의 37.6%를 차지한다. 북미 지역 중 미국은 북미 시장에서 상당한 시장 비율을 차지하고 있으며, 2017년~2023년의 예측 기간 동안 우세를 유지하는 것으로 추산된다.

미국 내 의료용식품(Medical Food) 기존 제조사들은 거대한 소비자 기반이 확보되어
있으며, 유명인들의 제품 홍보 또한 중요한 역할을 하고 있어 이 시장을 활성화시키
고 있다.

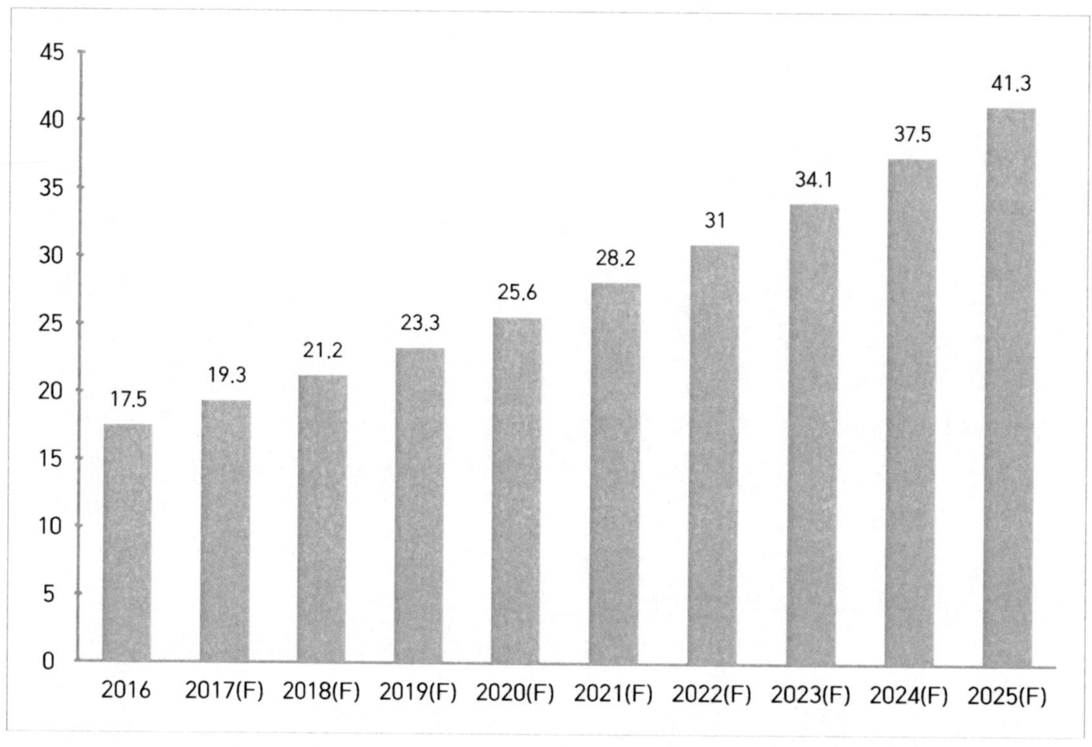

[그림 24] 미국 의료용식품 시장 규모 전망 (단위: 억 달러)

 미국 내 주요기업으로는 Nestle Healthcare Science, Abbott Laboratories 등이
있으며, 유질환자를 대상으로 한 제품군 및 노약자를 대상으로 한 영양 보충용 제품
군 등을 주로 판매하고 있다.

다) 유럽(EU)

유럽연합(EU)에서의 특수의료용도등식품은 특정의료용도식품 (Foods for Special Medical Purposes(FSMPs))으로 볼 수 있으며, Regulation (EU) No 609/2013 of the European the parliament and of the council의 지침에 따라 정의되고 있다.

특정의료용도식품(FSMPs)는 유아를 포함한 환자의 식이 관리를 위해 특별히 가공 또는 제조된 특수영양식품의 한 종류로, 의료 감독 하에 사용되는 식품이다. 따라서 일상적인 식사나 특정 영양소를 섭취하고 소화 및 흡수, 대사 또는 배설하는 능력이 제한 혹은 손상되거나 장애가 있는 환자, 특별히 의학적으로 필요한 영양요구량을 가진 자, 영양요구량이 일반적인 식사의 변형, 다른 특수영양식품 또는 이들의 조합으로 얻을 수 없는 자의 단독 혹은 부분적인 영양급원으로 사용하는 식품이다.

특정의료용도식품은 영아를 포함한 환자의 영양관리를 위해 가공하거나 조제한 식품을 의미하며 반드시 의료진의 관리 하에서 사용해야한다. 특정의료용도 식품에 대한 지침(Commission Directive 1999/21/EC on dietary foods for special medical purposes)에 의하면 특별용도식품을 식사대용 일반 영양식, 영양성분이 개조된 식사대용 질환별 영양식, 부분영양 보충식으로 분류할 수 있다.

구분	적용범위
식사대용 일반 영양식	환자가 본 식품만을 섭취하였을 때 영양적인 요구량을 충족할 수 있는 식품임
영양성분이 개조된 식사대용 질환별 영양식	환자가 본 식품만을 섭취하였을 때 영양적인 요구량을 충족할 수 있는 식품임
부분영양 보충식	환자가 본 식품만을 섭취하였을 때 영양적인 요구량을 충족하지 못하는 식품임

[표 9] 특정의료용도식품(FSMPs)의 분류

전 세계적으로 북미와 서유럽은 전체 의료식품 시장 매출의 64%를 차지하고 있다. 이들 지역의 의료비 지출은 2%에 불과하지만, 의료 식품 시장은 매년 3.5% 이상의 성장을 기록하고 있다.

유럽의 의료 식품 시장 규모는 2017년에 2.5%의 연평균 성장률을 달성하기 전 2008년에서 2012년 사이 감소 추세를 보이기도 하였으나 의료식품 시장 규모는 2021년 약 56억 달러로 2022년부터 2030년까지 연평균 2.9%의 성장률을 보이며

2030년에는 72억 달러의 규모를 가질 것으로 예상된다.

 이는 노령인구 증가와 발전된 의료 인프라로 인한 것인데, 유럽 연합(EU)은 28만 5천만 명이 넘는 노령 인구가 잠재적인 최종 사용자이며, 더 많은 의료 지출과 함께 잘 구축된 의료 편의시설로 인해 시장은 더욱 성장할 것으로 전망된다.

 유럽연합(EU)에는 다양한 FSMPs 제조 회사들이 있는데, 특히 영국 특수영양협회인 British Specialist Nutrition Association(BSNA)에서 소개한 대표 제조회사 중 유럽에서 가장 큰 영양식 제조사인 'Danone Nutricia', 글로벌 식음료 및 의료용식품 제조회사인 Nestle Health Science가 인수한 의료용식품 전문 제조업체인 'Vitaflo', 영국 및 아일랜드 지역에서 2012년 이후 빠르게 성장하고 있는 'Nualtra'가 대표적이라고 할 수 있다.

국내 메디푸드 시장 규모는 2019년 779억원에서 2021년 1648억원으로 2배 넘게 성장했다. 인구 고령화와 규제 완화로 개발에 뛰어드는 기업도 계속 늘고 있어 시장은 더욱 커질 전망이다.

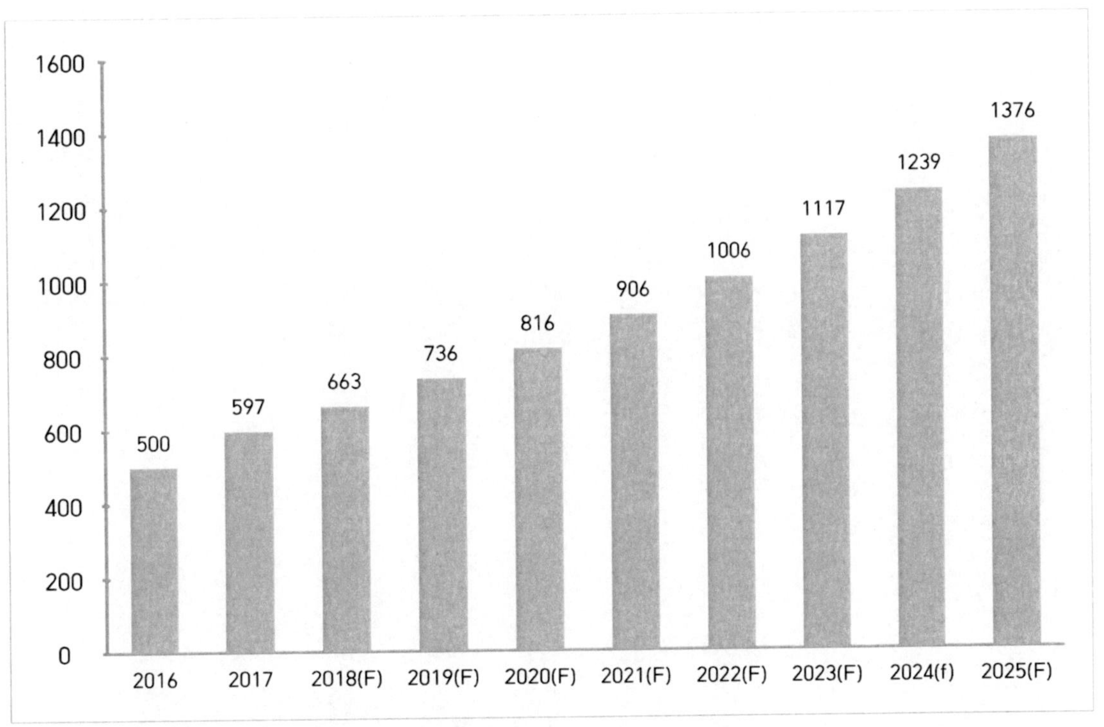

[그림 25] 국내 메디푸드 시장 전망

우리나라의 경우, 초고령화 사회의 도래와 건강에 관한 관심의 증가로 메디푸드 산업이 꾸준한 성장세를 보이고 있으나, 글로벌 경쟁력 확보를 위해서는 품질 및 기술 경쟁력 제고가 시급한 것으로 지적되고 있다. 이에, 식품의약품안전처는 2020년 6월, 맞춤형·특수식품 분야 식품산업 활력 제고 대책의 일환으로 환자의 식품 섭취에 도움을 주는 특수의료용도식품을 독립된 식품군으로 상향하고, 다양한 식품유형을 신설함과 동시에 본격적인 개발 지원에 나설 것을 발표했다.

구체적으로, 영양관리가 중요한 만성질환자가 도시락 또는 간편조리세트 형태의 환자용 식품으로 가정에서 식단을 관리할 수 있도록 '식단형 식사관리식품' 유형을 신설하였다. 또한, 당뇨환자용과 신장질환자용 식품유형과 제조기준을 새로 만들어 질환별로 세분화하였으며, 향후에는 고혈압 등 시장 수요가 있는 다른 질환에 대해서도 제

11) 2018 가공식품 세분시장 현황, 특수의료용도등식품 시장, 농림축산식품부, 2018
12) 2020 해외 우수 식품특허 트렌드북I, 농업기술실용화재단, 2020
13) aTFIS와 함께 읽는 식품시장 뉴스레터, 특수의료용도등식품 , 2021

품 유형을 확대해 나갈 예정이다.

1) 생산 규모

메디푸드 생산량은 2020년 45,762톤에서 2021년 48,872톤으로 전년 대비 6.8% 증가하였으며, 같은 기간 생산액은 824억 원에서 982억 원으로 19.2% 증가하였다.

2021년 메디푸드 생산량 및 생산액은 최근 5개년 기준 최고치를 기록했으며, 이는 2017년 24,087톤, 443억 원 대비 102.9%, 121.7% 증가하였다. 이는, 수술이나 질환 치료를 위해 입원한 환자들이 병원 또는 요양병원에서 메디푸드를 많이 소비하고 있고, 고령사회로 진입하면서 노인 인구가 증가하고 만성질환자가 계속 늘면서 영양 관리를 간편하게 하려는 수요가 증가했기 때문이다. 또한, 2019년 12월 4일 농림축산식품부는 식약처, 해수부가 선정한 5대 유망 식품으로 메디푸드가 선정되어 시장육성계획이 수립되는 등 정부의 지원도 영향을 미친 것으로 보인다.

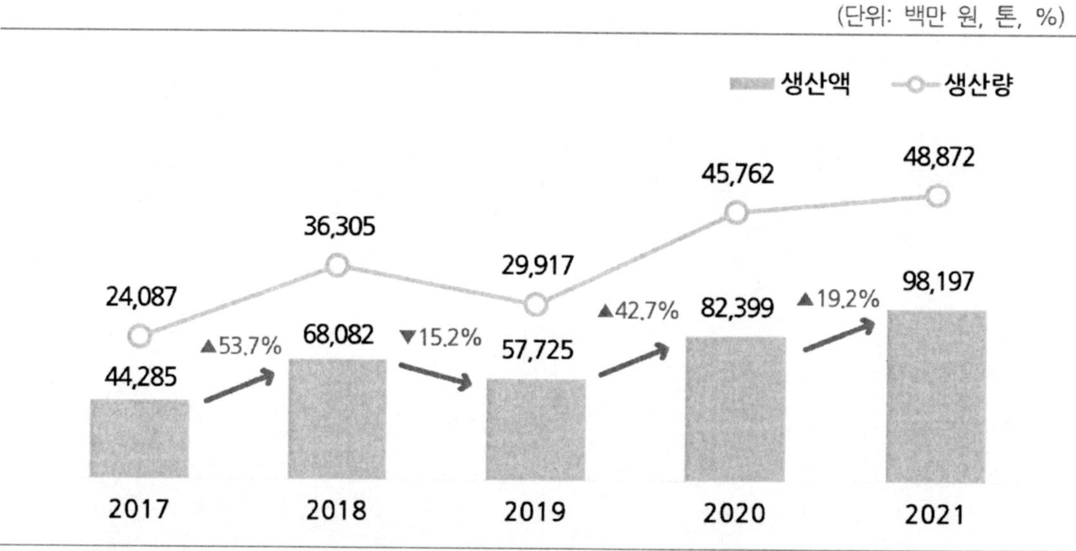

※ 식품의약품안전처(2017년~2021년). 식품 등의 생산실적
　1) 원천 자료의 합계를 백만 원 단위로 반올림했으므로 합계의 일의 자릿수에서 다소 오차가 발생할 수 있음
　2) 메디푸드 : 환자용식품(멸균) + 환자용식품(살균) + 환자용식품(비살균) + 선천성 대사질환자용식품(살균) + 선천성 대사질환자용식품(비살균)

그림 26 메디푸드 생산 현황

2021년 품목별 생산량 중 환자용 식품은 2020년 45,702톤 대비 6.6% 성장한 48,732톤으로 전체 메디푸드 생산량의 99.7%를 차지하고 있으며, 생산액은 2020년 812억 원 대비 18.8% 성장한 965억 원이다. 환자용 식품은 2019년 생산량이 감소했으나 다시 회복하여 2021년에는 2017년 생산량 24,075톤 대비 102.4%, 생산액 439억 원 대비 120.0% 증가하였다. 이는, 2021년 메디푸드가 독립된 식품군으로 분류되고 각 질환별 맞춤형 제품이 출시되어 제품에 대한 환자 선택권이 확대되었기 때문이다.

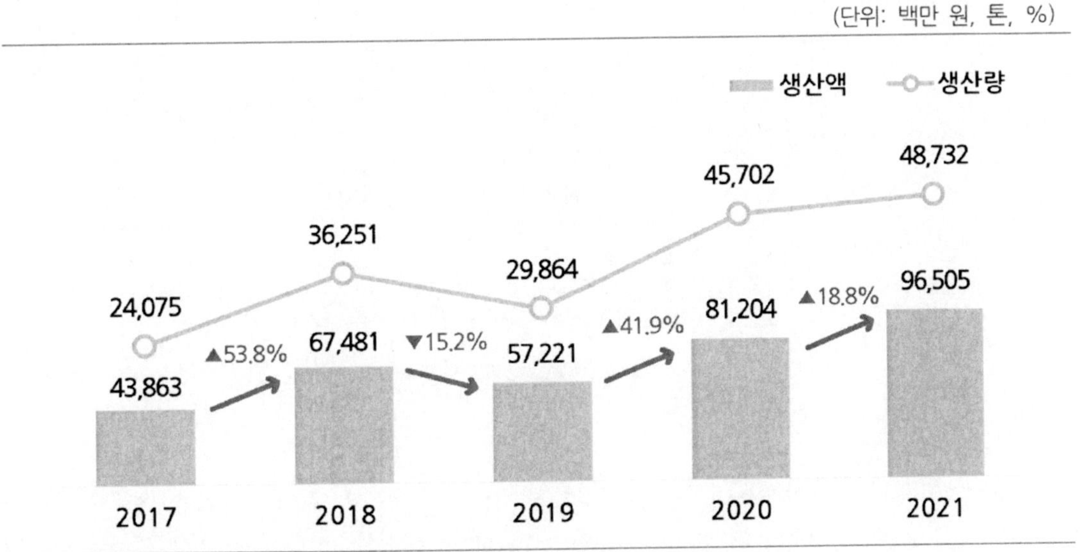

※ 식품의약품안전처(2017년~2021년). 식품 등의 생산실적
　1) 원천 자료의 합계를 백만 원 단위로 반올림했으므로 합계의 일의 자릿수에서 다소 오차가 발생할 수 있음
　2) 환자용식품 : 환자용식품(멸균) + 환자용식품(살균) + 환자용식품(비살균)

그림 27 환자용식품 생산 현황

선천성대사질환자용 식품의 2021년 생산량은 전체의 0.3%인 140톤, 생산액은 전체 메디푸드 생산량의 1.7%인 17억 원을 차지 했으며, 이는 2020년 생산량 60톤 대비 133.3%, 생산액 12억 원 대비 41.7% 증가한 값이다.

(단위: 백만 원, 톤, %)

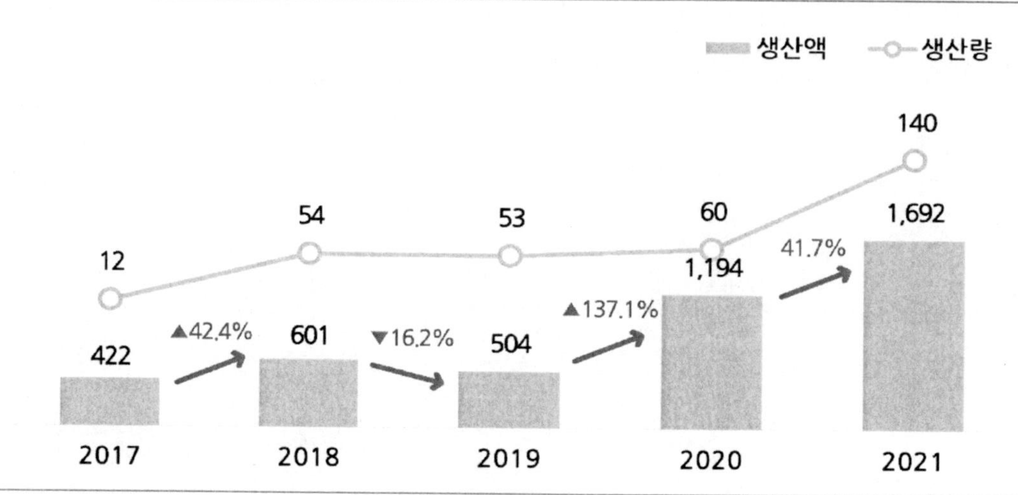

※ 식품의약품안전처(2017년~2021년). 식품 등의 생산실적
  1) 원천 자료의 합계를 백만 원 단위로 반올림했으므로 합계의 일의 자릿수에서 다소 오차가 발생할 수 있음
  2) 선천성대사질환자용 식품 : 선천성 대사질환자용 식품(살균) + 선천성대사질환자용 식품(비살균)

그림 28 선천성대사질환자용 식품 생산 현황

2021년 선천성대사질환자용 식품은 2017년 생산량 12톤 대비 1,066.7% 증가했으며, 생산액은 4억 원 대비 301.0% 증가했다. 하지만, 선천성대사질환자용 식품은 다양한 질환을 아우르는 환자용식품과 달리 유전적으로 해당 질환을 앓고 있는 환자만 취식하고 있어 수요 및 생산규모가 작게 나타났다.

2) 출하 규모

 메디푸드의 출하량은 2020년 43,998톤에서 2021년 47,715톤으로 전년 대비 8.4% 증가하였으며, 같은 기간 출하액은 1,076억 원에서 1,535억 원으로 47.7% 증가하였다. 2021년 메디푸드 출하액 및 출하량 또한 생산과 마찬가지로 최근 5개년 기준 최고치를 기록했다. 이는 2017년 출하량 27,430톤 대비 74.0%, 출하액 598억 원 대비 156.9% 증가한 값이다.

(단위: 백만 원, 톤, %)

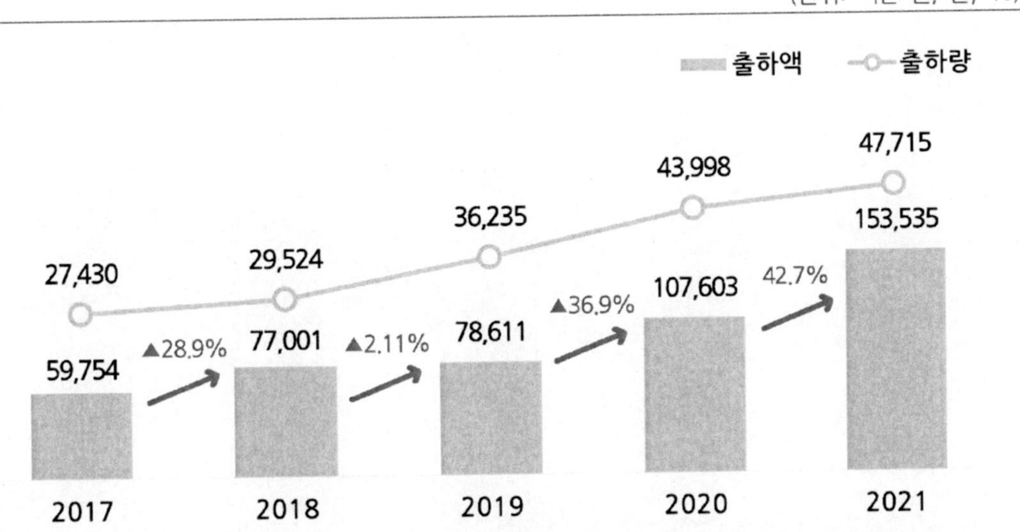

※ 식품의약품안전처(2017년~2021년). 식품 등의 생산실적, 각 연도별 특수영양식품 매출실적 자료로 재구성함
 1) 원천 자료의 합계를 백만 원 단위로 반올림했으므로 합계의 일의 자릿수에서 다소 오차가 발생할 수 있음
 2) 메디푸드 : 환자용식품(멸균) + 환자용식품(살균) + 환자용식품(비살균) + 선천성 대사질환자용식품(살균) +
   선천성 대사질환자용식품(비살균)

그림 29 메디푸드 출하 현황

　2021년 환자용식품 출하량은 47,656톤으로 2020년 43,942톤 대비 8.5% 증가하였으며, 같은 기간 출하액은 1,068억 원에서 1,527억 원으로 43.0% 증가하였다. 이는 2017년 출하량 27,417톤, 출하액 592억 원 대비 각각 73.8%, 157.8% 증가한 값이다.

　출하 현황도 생산 현황과 마찬가지로 환자용 식품이 전체의 대부분을 차지한다.

(단위: 백만 원, 톤, %)

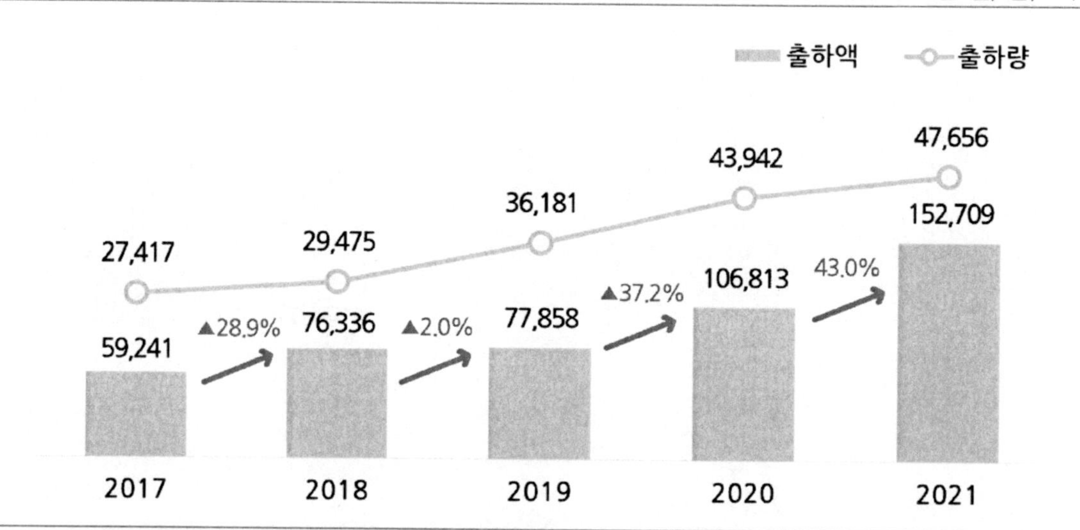

※ 식품의약품안전처(2017년~2021년). 식품 등의 생산실적
　1) 원천 자료의 합계를 백만 원 단위로 반올림했으므로 합계의 일의 자릿수에서 다소 오차가 발생할 수 있음
　2) 환자용식품 : 환자용식품(멸균) + 환자용식품(살균) + 환자용식품(비살균)

그림 30 환자용 식품 출하 현황

선천성대사질환자용 식품의 2021년 출하량은 전체의 0.1%인 59톤, 생산액은 전체의 0.5%인 8.3억 원을 차지했으며, 이는 2020년 출하량 56톤 대비 5.4%, 출하액 7.9억 원 대비 4.4% 증가한 값이다. 2021년 선천성대사질환자용 식품은 2017년 출하량 13톤, 출하액 5.1억 원 대비 각각 353.8%, 40.9% 증가하였으며 2018년 급격히 성장한 뒤 꾸준히 증가하였다.

(단위: 백만 원, 톤, %)

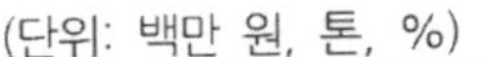

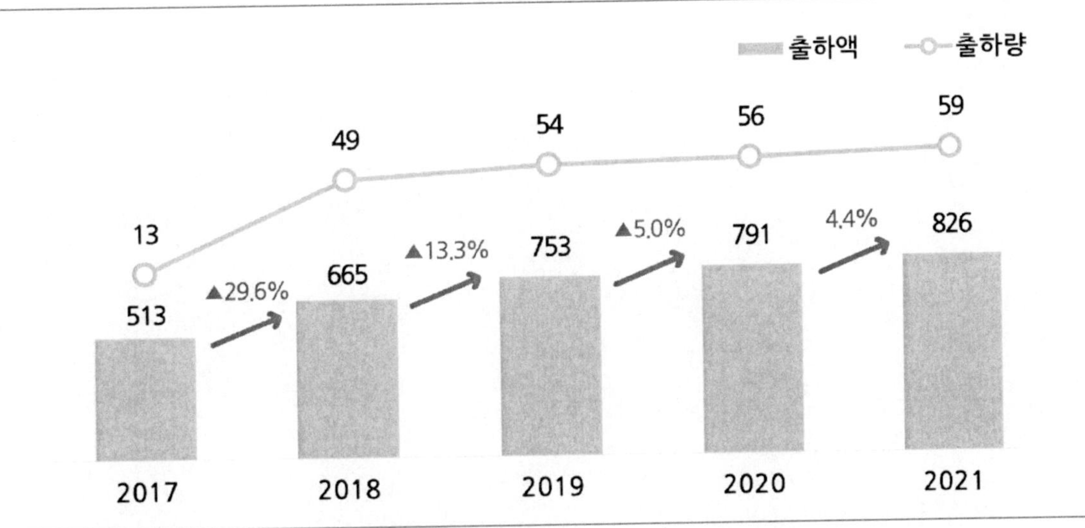

※ 식품의약품안전처(2017년~2021년). 식품 등의 생산실적
 1) 원천 자료의 합계를 백만 원 단위로 반올림했으므로 합계의 일의 자릿수에서 다소 오차가 발생할 수 있음
 2) 선천성대사질환자용 식품 : 선천성대사질환자용 식품(살균) + 선천성대사질환자용 식품(비살균)

그림 31 선천성대사질환자용 식품 출하 현황

국내 인구 구조가 초고령 사회로 빠르게 진입하면서 당뇨병, 신부전증과 같은 만성질환, 암환자와 같은 중증환자가 함께 증가하고 있어, 정상적인 섭취·소화·흡수 능력이 제한된 환자 및 고령자를 위한 메디푸드의 생산 및 출하가 전반 증가하였다. 국내 전체 질환자 수를 파악하는 것은 다소 어려움이 있어, 주요 질환으로 많이 언급되는 위암, 대장암, 폐암과 만성질환인 당뇨, 만성 신장병 환자 수와 메디푸드의 생산 및 출하 규모를 비교해서 살펴보았다.

고령인구 및 주요 질환 환자 수 추이와 출하실적을 비교해 보면, 고령 인구수는 2017년 736만 명에서 2021년 885만 명으로 20.3% 증가하였으며, 같은 기간 주요 질환 환자 수는 947만 명에서 1,128만 명으로 19.0% 증가하였다. 같은 기간 메디푸드의 출하 규모도 598억 원에서 1,535억 원으로 156.9% 증가하였다.

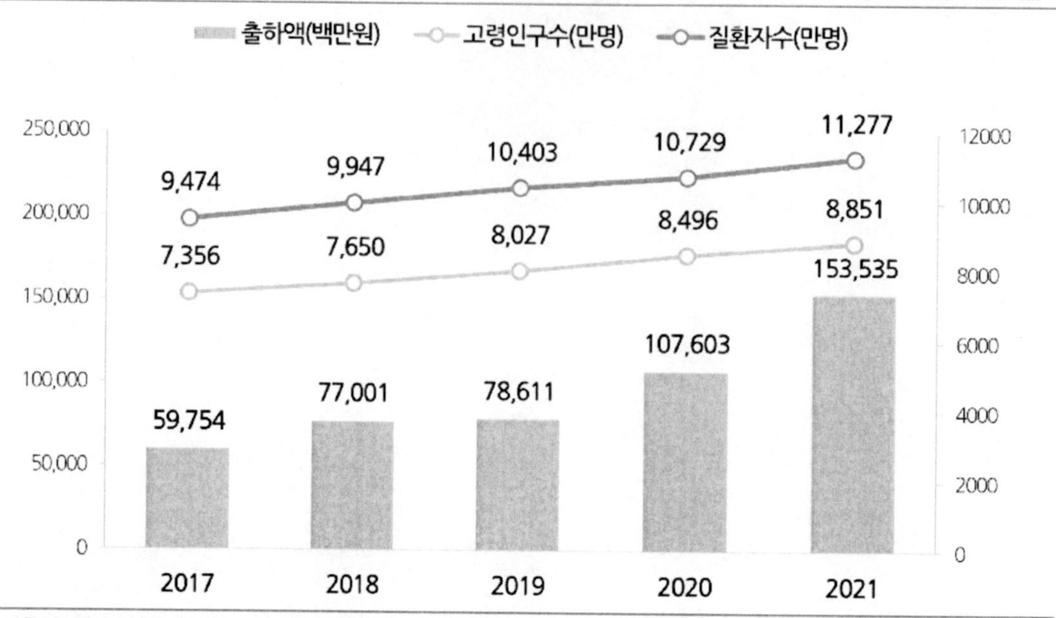

※ 식품의약품안전처(2017년~2021년). 식품 등의 생산실적
　　고령인구수 : 주민등록인구현황, 통계청
　　주요 질환자 수 : 보건의료빅데이터개방시스템
1) 고령인구수는 65세 이상 인구수임
2) 암은 수술이 많이 이루어지는 질병 중 하나로, 통계청 데이터에서 환자수가 많은 상위 4대 암(갑상선암, 폐암, 위암, 대장암) 중, 상대생존률 100%에 달하는 갑상선 암을 제외한 암종을 도출하여 작성함

그림 32 고령인구 및 주요 질환자 수와 출하액 추이 비교

(단위: 명)

구분		2017	2018	2019	2020	2021
고령 인구수		7,356,106	7,650,408	8,026,915	8,496,077	8,851,033
(증감률)		-	(4.0)	(4.9)	(5.8)	(4.2)
주요 질환자 수	고혈압	6,026,151	6,274,863	6,512,197	6,710,671	7,018,552
	당뇨	2,847,160	3,028,128	3,213,412	3,334,989	3,357,601
	만성 신부전증	203,978	226,877	249,283	259,116	277,252
	위암	158,617	164,328	165,421	161,962	165,905
	대장암	153,694	159,388	162,030	159,498	167,905
	폐암	84,298	92,953	100,371	102,843	110,376
	합계	9,473,898	9,946,537	10,402,714	10,729,079	11,276,768
(증감률)		-	(5.0)	(4.6)	(3.1)	(5.1)

※ 고령인구수 : 주민등록인구현황, 통계청
　주요 질환자 수 : 보건의료빅데이터개방시스템
1) 고령인구수는 65세 이상 인구수임
2) 암은 수술이 많이 이루어지는 질병 중 하나로, 통계청 데이터에서 환자수가 많은 상위 4대 암(갑상선암, 폐암, 위암, 대장암) 중, 상대생존률 100%에 달하는 갑상선 암을 제외한 암종을 도출하여 작성함

그림 33 연도별 고령인구 및 주요 질환자 수

앞서 언급한 대로 메디푸드는 질환 및 수술 환자들이 주로 많이 먹는 식품이지만 병원에서의 수요 외에도 요양병원에서 장기 입원하는 환자들의 수요 또한 존재한다. 실제로 요양병원 수가 증가하면서 메디푸드 출하규모도 증가하였다. 하지만 2021년 현재 요양병원 수는 1,464개소로 전년인 1,582개소 대비 7.5% 감소했는데 메디푸드 출하액은 같은 기간 1,076억 원에서 1,535억 원으로 42.7% 증가하였다. 2018년부터 포화상태에 이른 요양병원 수가 2021년도에 들어서며 COVID-19로 인한 경영난, 구인난 등을 겪으며 구 수가 줄어들고 있는 것으로 추측된다.

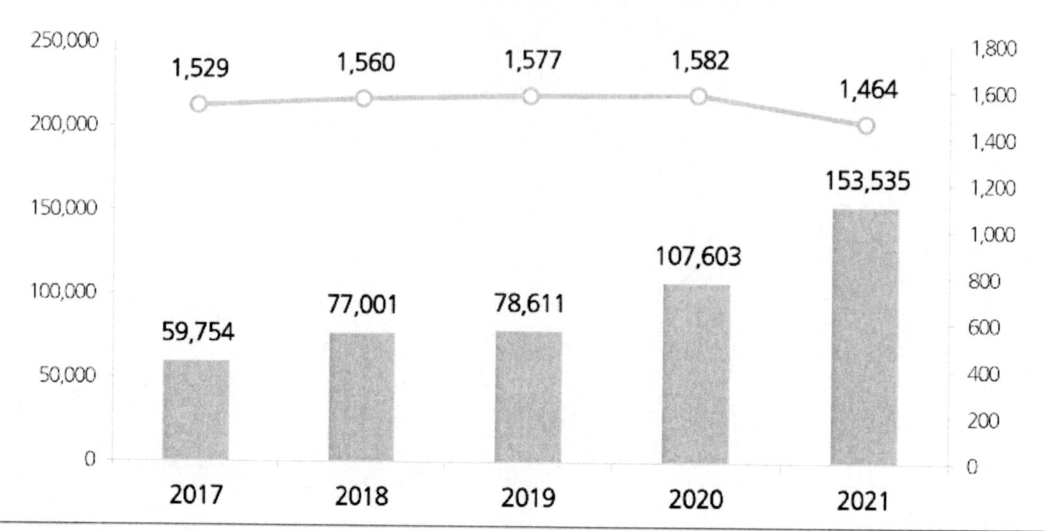

※ 요양병원 수(각 연도별 4분기 수치 기준) : 건강보험통계, 국민건강보험공단(통계청)

그림 34 연도별 출하액과 요양병원 수

(단위: 개소, 백만 원)

구분	2017	2018	2019	2020	2021
요양병원 수	1,529	1,560	1,577	1,582	1,464
출하액	59,754	77,001	78,611	107,603	153,535

※ 요양병원 수(각 연도별 4분기 수치 기준) : 건강보험통계, 국민건강보험공단(통계청)

그림 35 연도별 출하액과 요양병원 수

3) 소비자 인식

특수의료용도등식품에 대하여 2019년 11월 1일부터 2020년 10월 30일까지의 블로
그 데이터를 분석한 결과를 통해 국내 특수의료용도등식품에 대한 소비자 인식을 살
펴보도록 하자.

① 특수의료용도등식품에 대한 인식
특수의료용도등식품에 대한 인식으로는 긍정이 99.8%, 부정이 21.2%로 대부분의 소
비자들은 특수의료용도등식품에 대해 긍정적으로 인식하고 있는 것을 알 수 있다.

	키워드	주요 의견
긍정	다양함	• 환자용 식품의 종류가 다양해져서 목적에 따라 먹기 편하다. • 환자식품이 점점 다양해지고 있는 것 같아 선택의 폭이 넓어져서 좋다.
	맛	• 이 식품은 맛과 포만감이 있어서 만족한다.
	권장	• 목 넘김이 어려운 어르신들에게 권장한다.
	성장	• 특수의료식품이 성장하여 고령층과 환자들에게 도움이 되었으면 한다.
	영양 섭취	• 어느 한쪽에 치우쳐지지 않는 영양을 섭취할 수 있어서 좋다.
부정	가격	• 기존 일반 제품보다 가격이 비싸 부담된다.
	식감	• 환자식이다 보니 맛과 식감, 풍미 등이 부족하다고 느껴질 수 밖에 없는 것 같다.

[표 10] 특수의료용도등식품에 대한 인식

② 특수의료용도등식품의 정보 탐색 시 고려요인
특수의료용도등식품을 구매할 때 고려하는 요인은 영양 54%, 안전성 39.3%, 가격
34.6%, 품질 26.3% 순으로 높게 나타났다. 또한, 특정한 요인 하나보다 복수로 고려
하는 경우가 많은 것으로 추측된다.

영양	• 씹고 삼키기 어려운 분들을 위하여 부드럽지만 영양도 더한 음식이다. • 단백질은 환자와 고령층에게 중요한 영양소 중에 하나이다.
안전성	• 환자식품은 흡수율과 안전성이 중요한 요소이다.
품질	• 환자나 고령자가 먹는 식품 중에 가장 중요한 요소는 품질이다. • 인스턴트나 가공식품은 질이 안좋은 요소가 첨가 되어 있을 수 있기 때문에 조심해야 한다.

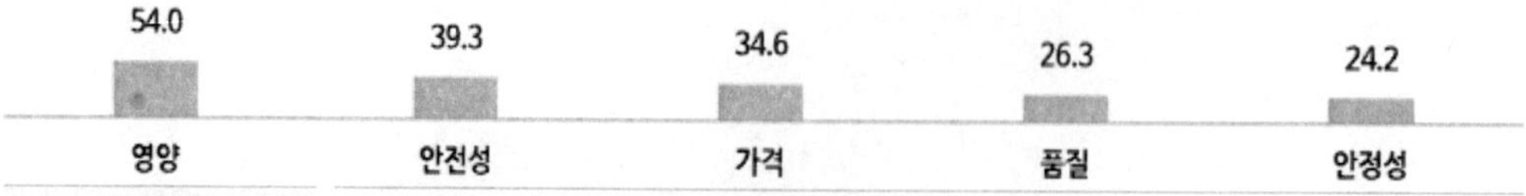

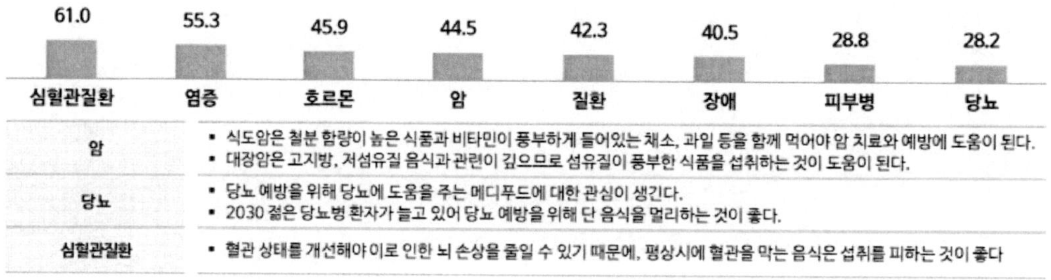

[그림 36] 특수의료용도등식품의 정보 탐색 시 고려요인 (단위: %)

③ 특수의료용도등식품과 관련된 질병

특수의료용도등식품과 관련된 질병은 심혈관질환 61%, 염증 55.3%, 호르몬 45.9%, 암 44.5%, 질환 42.3% 순으로 높게 나타났다. 또한, 전반적인 질병 카테고리에 관심이 높은 것으로 추측된다.

암	• 식도암은 철분 함량이 높은 식품과 비타민이 풍부하게 들어있는 채소, 과일 등을 함께 먹어야 암 치료와 예방에 도움이 된다. • 대장암은 고지방, 저섬유질 음식과 관련이 깊으므로 섬유질이 풍부한 식품을 섭취하는 것이 도움이 된다.
당뇨	• 당뇨 예방을 위해 당뇨에 도움을 주는 메디푸드에 대한 관심이 생긴다. • 2030 젊은 당뇨병 환자가 늘고 있어 당뇨 예방을 위해 단 음식을 멀리하는 것이 좋다.
심혈관질환	• 혈관 상태를 개선해야 이로 인한 뇌 손상을 줄일 수 있기 때문에, 평상시에 혈관을 막는 음식은 섭취를 피하는 것이 좋다

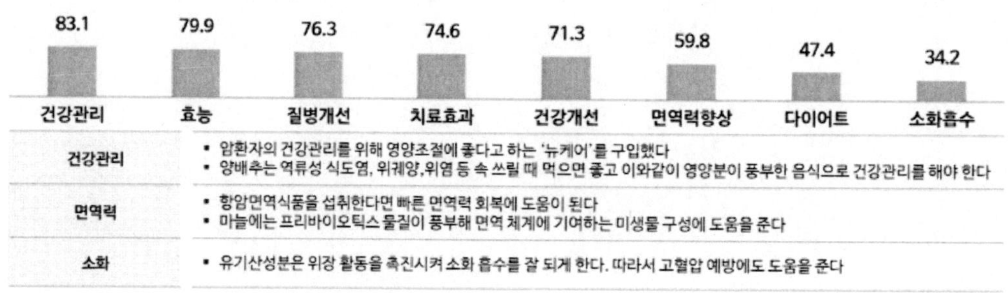

[그림 37] 특수의료용도등식품과 관련된 질병 (단위: %)

④ 특수의료용도등식품의기대요인

특수의료용도등식품에 대한 기대요인은 건강관리가 83.1%, 효능 79.9%, 질병개선 76.3%, 치료효과 74.6%, 건강개선 71.3% 순으로 높게 조사되었다. 또한 전반적인 건강 및 면역증진 관련 키워드가 높게 나타났다.

건강관리	• 암환자의 건강관리를 위해 영양조절에 좋다고 하는 '뉴케어'를 구입했다 • 양배추는 역류성 식도염, 위궤양,위염 등 속 쓰릴 때 먹으면 좋고 이와같이 영양분이 풍부한 음식으로 건강관리를 해야 한다
면역력	• 항암면역식품을 섭취한다면 빠른 면역력 회복에 도움이 된다 • 마늘에는 프리바이오틱스 물질이 풍부해 면역 체계에 기여하는 미생물 구성에 도움을 준다
소화	• 유기산성분은 위장 활동을 촉진시켜 소화 흡수를 잘 되게 한다. 따라서 고혈압 예방에도 도움을 준다

[그림 38] 특수의료용도등식품의 기대요인 (단위: %)

⑤ 특수의료용도등식품을 섭취 시 병행 행태

 특수의료용도등식품을 섭취 시 병행하면 좋다고 생각하는 행태는 운동 80.1%, 스트레스 관리 62.4%, 식이요법이 19.8% 순으로 높게 나타났다.

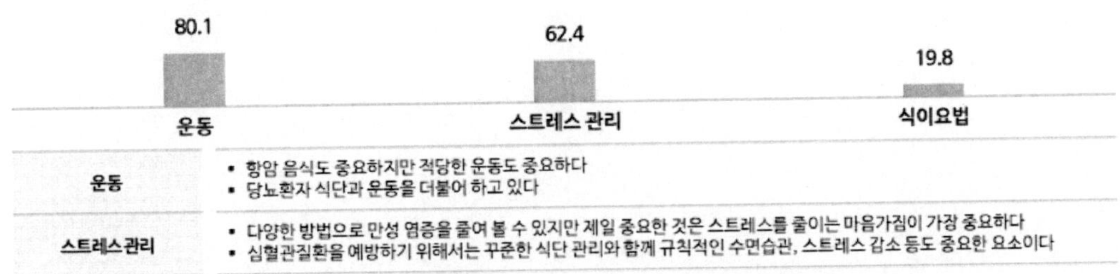

[그림 39] 특수의료용도등식품 섭취 시 병행 행태 (단위: %)

04

메디푸드 기술동향

4. 메디푸드 기술동향
가. 원료 동향[14)]

특수의료용도등식품의 주요 판매 제품을 분석해 본 결과, 말토덱스트린, 카제인나트 륨, 분리대두단백, 카놀라유가 주요 원료로 나타났다. 말토덱스트린은 탄수화물의 주 요 공급 원료이며, 카제인나트륨과 분리대두단백은 단백질 공급, 카놀라유는 지방의 주요 공급 원료다. 특수의료용도등식품의 주요 원재료는 대부분 수입산을 이용하고 있는 것으로 나타났다. 특히 특수의료용도등식품에 쓰이는 원료의 대부분은 메디컬푸 드 선진국인 유럽과 미국에서 수입되고 있다. 이는 해당 국가에서 생산한 원료의 품 질, 안정성 등이 우수하기 때문이다.

구분		제품명	제조사	주원료
환자용 식품	균형영양식/ 환자 영양식/ 환자용식품	메디웰 구수한맛	엠디웰	말토덱스트린, 카제인나트륨, 분리대두단백
		완전균형 영양식 뉴케어	대상웰라이프	말토덱스트린, 분리대두단백
		그린비아 플러스 케어	정식품	말토덱스트린, 분리대두단백, 옥수수유
	당뇨 환자용식품	뉴케어 당플랜	대상웰라이프	말토덱스트린, 카제인나트륨, 분리대두단백, 고올레산해바라기유
		이엔 당뇨식 300	(주)한국메디칼푸드	말토덱스트린, 카놀라유, 분리대두단백
		그린비아 플러스 케어 당뇨식	정식품	말토덱스트린, 카제인나트륨, 분리대두단백
	신장질환자용 식품	뉴케어 케이디	대상웰라이프	정제수, 덱스트린, 카제인나트륨
	장질환자용 가수분해 식품	모노웰	(주)한국메디칼푸드	말토덱스트린

[표 11] 특수의료용도등식품 주요 제품 원료

---

14) 2018 가공식품 세분시장 현황, 특수의료용도등식품 시장, 농림축산식품부, 2018

구분		제품명	제조사	주원료
환자용 식품	열량 및 영양 공급용 의료용도식품	멀티칼	(주)한국메디칼푸드	말토덱스트린, 카놀라유
	연하곤란환자용 점도증진식품	연하케어	(주)한국메디칼푸드	덱스트린, 산탄검
선천성 대사질환 자용식품	선천성 대사 질환자용 식품	앱솔루트 유시디-2 포뮬러	매일유업	고화방지분당, 혼합식물성유지
		햇반 저단백밥	CJ제일제당	멥쌀, 젖산

[표 12] 특수의료용도등식품 주요 제품 원료

나. 영양소별 특징[15]

1) 탄수화물

상업적 환자식에는 탄수화물 보급원으로 복합 당질인 콘시럽(또는 말토덱스트린)을 사용한다. 특히 과민성 대장 질환(inflammatory bowel disease, IBD) 환자의 경우 최근 포드맵(FODMAP)으로 통칭되는 탄수화물에 의한 대사 질환에 문제가 제기되고 있어 복합 당질인 콘시럽(또는 말토덱스트린)이 적정하다. 글루코스의 중합체 형태인 말토덱스트린은 일반적으로 옥수수의 스타치(starch)에서 정제하여 만드는데, dextrose equivalent(DE)에 따라 다양한 물성적 특성을 보이고, 삼투압 280~300mOsm/kg인 인체의 삼투압에 맞추기 위해 DE=11~18 분포를 가진 말토덱스트린을 사용한다.

2) 단백질

주요한 대량 영양소(macro nutrient)로서 단백질은 대량으로 생산이 가능하며, 안정적인 공급이 가능한 단백질인 우유에서 유래한 단백질과 콩 단백질을 소화하기 쉽도록 정제, 가공한 원료들을 사용한다.

우유에는 카제인(casein)과 유청(whey)이라는 두 가지 형태의 단백질이 약 80:20의 비율로 함유되어 있는데 소화 흡수 속도 및 열안정성, 아미노산 조성 및 맛 등에 차이가 있어, 단백질의 종류 및 비율, 유당 및 지방의 함량을 조절하여 정제 가공한 뒤, 환자식뿐만 아니라 유가공 식품의 원료로 사용한다.

카제인나트륨과 카제인칼슘은 단백질 함량이 90% 이상으로, 우유 가공단백질 중 가장 단백질 함량이 높고, 열안정성과 유화력이 좋아 지방 원료와 함께 사용해야 하는 액상 타입의 상업적 환자용 영양식에 주요 단백질 원료로 가장 많이 사용되며, 이 외에도 맛이 뛰어난 농축 유단백(milk protein concentrate)과 소화흡수속도는 높지만 멸균 시 열안정성이 떨어지는 유청단백질류(whey protein concentrate/whey protein isolate)가 분말용 환자식의 원료로 사용된다.

콩에서 유래한 분리대두단백(isolated soy protein, ISP)이란 원료도 상업적 환자용 영양식의 단백질 급원으로 많이 사용되는데 식물성 단백질임에도 단백질 소화율 교정 아미노산 점수(protein digestibility corrected amino acid score, PDCAAS)[16] 수치가 1이상으로 정제한 완전 단백질로서, 특히 글루타민과 아르기닌의 함량이 높고,

---

15) 2018 가공식품 세분시장 현황, 특수의료용도등식품 시장, 농림축산식품부, 2018
16) 인간의 아미노산 필요와 소화하는 능력 모두에 기초하여 단백질의 품질을 평가하는 방법으로 1의 PDCAAS 값이 가장 높고, 0이 가장 낮다.

최근 문제가 되는 탄소배출량도 적어 미래 단백질로 각광받고 있다. 특히, 상업적 환자용 영양식에 ISP와 우유 유래 단백질을 섞어서 사용할 경우에 아미노산 조합이 보다 풍부해지며, 포만감의 시간을 늘려줄 수 있는 등 다양한 이점이 보고되고 있다.

3) 지방

또 다른 대량 영양소인 지방은 주로 대두유, 옥배유, 유채씨유, 올리브유 등 불포화지방산 함량이 높은 식물성 유지를 주요 원료로 사용하며 일가불포화지방산(monounsaturated fatty acid, MUFA)과 다가불포화지방산(polyunsaturated fatty acid, PUFA), 포화지방산(saturated fatty acid, SFA)의 적절한 비율에 맞춰 조성물을 만든다.

지방은 불포화지방산의 급원이자 열량을 내는 영양소이지만, 소화가 잘 되지 않는다는 단점이 있으나 Medium Chain Triglyceride(MCT) oil의 경우 간문맥으로 흡수되므로 일반적인 식이 지방보다 흡수가 빠르고 에너지 효율(8.3 kcal/g)이 좋아 지방흡수불량 환자들에게 효과적으로 열량을 공급할 수 있으며, 케톤 식이 요법이 필요한 환자와 질병 등으로 대사량이 높아진 환자(외상, 화상, 암 등 이화상태 환자)에게 주요 열량 급원으로 사용되기도 한다.

4) 식이섬유

식이섬유는 비영양소(non-nutrient)로 분류되나, 장내 융모 기능을 개선시키고, 체내 콜레스테롤 및 지질을 낮추며, 설사 및 변비 개선, 혈당개선, 무기질 흡수 촉진 등 다양한 건강상의 이점으로, 일반적인 환자용 영양식 제품에 질환 개선 효과를 주는 기능성 원료다.

전통적으로는 수용성과 불용성 식이섬유로 분류하였으나, 최근에는 식품 가공 기술의 발달로 경계가 무너져 두 가지 식이섬유의 특징과 기능성 효과를 가진 원료들이 개발되어 경관 급식 시 발생하는 설사 및 변비 개선에 도움을 주고 있다.

환자용 영양식에 가장 많이 사용하는 수용성 식이섬유는 치커리에서 추출한 이눌린, 스타치에서 합성한 폴리덱스트로스 또는 난소화성 식이섬유다.. 최근 에보트(Abbott)사의 제비티(Jevity)나 네슬레(Nestle)사의 부스트(Boost)에 사용하는 Sunfiber와 Soyfiber라는 원료는 구아검과 대두에 있는 불용성 식이섬유 성분을 가수분해하여 불용성 화이바의 특징인 수분 함습 효과와 변량 개선 효과를 주어 설사 및 변비를 개선하면서도 수용성 식이섬유가 가지는 프리바이오틱(prebiotics)의 효과와 혈당 개선의 효과가 있다.

5) 비타민/무기질

비타민과 무기질은 미량 영양소(micro nutrient)로 국가마다 허용된 원료에 차이가 있어 해외에서 판매되는 환자용 영양식 제품 중 국내에서 유통이 어려운 경우도 있다.

비타민의 경우 생산 공정 중 가장 많이 파괴되는 영양성분이므로 생산 및 유통 중 파괴율을 감안하여 첨가 용량을 설정한다. 일반적으로 액상 타입의 상업적 멸균식은 생산 공정 중 배합과 열공정이 있기 때문에 산화 또는 열에 의한 파괴율을 가장 많이 고려한다. 국내 특수의료용도 식품에 의무적으로 첨가해야 하는 비타민은 비타민 A, B1, B2, B6, C, D, E, 나이아신, 엽산으로 총 9가지이지만, 시판되는 환자식의 대부분이 인체에 필요한 모든 비타민류를 고함량으로 함유하고 있다.
무기질 또한 국내에서 규격으로 첨가해야 하는 것은 칼슘, 철, 아연으로 3가지이지만 인체에 필요한 모든 무기질 및 극미량 무기질인 셀렌, 몰리브댄, 크롬까지 함유한 제품이 판매되고 있다. 무기질의 경우는 제품에 첨가 시 공정 중에 다른 영양소, 특히 단백질 등과 반응하여 침전 및 크리밍을 만들기도 하고, 비타민을 산화시키는 등 까다로운 원료이므로 최대한 다른 영양소와 반응하지 않는 원료를 선정하고, 또한 맛과 색깔에도 영향을 미치므로 이런 특성을 고려하여 원료를 선정한다.

다. 특허 동향[17)]

1) 해외 동향

가) 일본

특허명	올리브로부터의 액체 식물 복합체의 항혈관 신생 사용		
출원국가	일본	출원인	Fattoria La Vialla Di Gianni, Antonio E Bandino Lo Franco-Societa' Agricola Semplice
출원번호	2016-551094	등록번호	6687527
출원일	2014.10.31	등록일	2020.04.06

기술개요

혈관 신생 또는 염증 예방, 치료에 사용되는 올리브유 농축물

개발배경

- 올리브유를 주식으로 하는 지중해식 다이어트하는 집단에서 심혈관 병변 및 종양 발생률이 낮은 것으로 연구됨
- 본 출원인은 폴리페놀 화합물이 풍부한 올리브유 농축물이 혈관 신생 및 염증, 특히 종양 발생 및 확산을 예방할 수 있는 것을 발견함

기술 세부내용

- 올리브 농축물 제조 방법
  (a) 올리브 식물수 및 부산물 샘플을 미세 여과하여 정밀하게 여과된 농축액 및 투과물을 얻는 단계
  (b) a)에서 얻어진 미세 여과된 투과액을 역삼투압법으로 농축하는 단계
- 여기서 농축액은 1~10g/L 범위, 히이드록시티로솔 농도는 0.5~8g/L 범위에 있도록 함
- 페놀 화합물, 나트륨, 칼슘, 마그네슘 등의 금속, 염화물, 황산염, 인산염 등의 음이온 및 글루코스, 만니톨, 자당 등의 탄수화물을 추가로 포함할 수 있음

기술의 효과

- 병리학적 혈관 신생 치료, 예방으로 사용 가능함
- 류머티즘성 관절염 및 통풍, 염증성 질환, 궤양성 장 증후군, 폐질환, 전종양성 병변, 항염증 요법과 조합해서 사용될 수 있음

응용분야

- 음료 또는 경구 제재 등의 형태로 식품 보충제로서 섭취 가능함
- 올리브 농축물을 포함하는 크림, 오일, 연고 등의 형태로 사용 가능함

---

17) 2020 해외 우수 식품특허 트렌드북I, 농업기술실용화재단, 2020

특허명	미토콘드리아 기능 향상과 신경 퇴행성 질환 및 인지 장애 치료를 위한 조성물 및 방법		
출원국가	일본	출원인	AMAZENTIS SA
출원번호	2017-230245	등록번호	6539331
출원일	2017.11.30	등록일	2019.06.14

기술개요

노화 또는 스트레스, 당뇨병, 비만 및 신경 퇴행성 질환을 포함한 미토콘드리아의 활성 저하와 관련된 질환 또는 장애를 치료하고 예방하는 조성물

개발배경

- 현재, 다양한 퇴행성 질환이 미토콘드리아 DNA 또는 핵 DNA에 의해 코드되는 미토콘드리아 유전자의 돌연변이에 의해 야기되고 있는 것으로 나타남
- 미토콘드리아의 에너지 생산 저하는 산화적 스트레스를 증가시키고 퇴행성 질환들 및 노화에 영향을 미침

기술 세부내용

- 인지 기능을 개선 또는 인지 장애를 치료하기 위한 유효량의 유로리틴을 포함하는 식품 또는 영양보충제
  - 유로리틴은 엘라지산, 푸니칼라진, 푸니칼린, 텔리마그란딘 및 기타 엘라지타닌의 대사물
  - 엘라지타닌은 생체 내 생리학적 조건에서 엘라지산을 방출하고, 다음으로 엘라지산은 유로리틴D, 유로리틴C, 유로리틴A 및 유로리틴B으로 대사됨

기술의 효과

- 미토콘드리아 기능 촉진 및 스트레스 유발성 미토콘드리아 기능 부전 해소
- 신진대사 속도를 향상시키거나 유지하고 체지방의 수치를 저하함
- 근육량 증가 및 인지능력 향상 또는 유지하는 효과
- 신경 퇴행성 질환 및 인지 장애, 인슐린 저항을 포함하는 대사적 장애, 불안 장애를 포함하는 미토콘드리아 기능장애와 관련된 다양한 질환들 치료 및 예방 효과
- 스트레스 및 불안 장애 현상 완화

응용분야

- 기억 및 인지 기능 개선 기능성 식품
- 항산화, 항동맥경화, 항혈전증 개선 기능성 식품

특허명	면역 조절		
출원국가	일본	**출원인**	4D PHARMA RESEARCH LTD
출원번호	2017-249971	**등록번호**	6757309
출원일	2017.12.26.	**등록일**	2020.09.01

기술개요

염증성 장애를 조절할 수 있는 미생물

개발배경

- 박테로이데스 테타이오타오미크론에 시험관 내 및 생체 내에서 항염증 효과가 있다는 연구가 보고됨
- 염증성 장애에 효능을 갖는 박테로이데스 세타오타오미크론(BT)의 균주는 염증성 장애, 자가면역 장애, 알레르기 장애에 대한 치료제 또는 예방제로 유용하게 사용될 수 있음

기술 세부내용

- NCIMB에 수탁번호 42341으로서 기탁된 박테로이데스 테타이오타오미크론주를 포함하는 조성물
- 박테로이데스 테타이오타오미크론주가 캡슐화되어 있는 조성물
- 박테로이데스 테타이오타오미크론주가 약학적으로 허용되는 부형제, 담체 또는 희석제를 추가로 포함하는 의약 조성물

기술의 효과

- 염증성 장애, 자가면역 장애, 알레르기 장애에 대한 치료 또는 예방 효과
- 점막 상피의 배세포수 감소를 예방 및 점막 고유층으로의 면역 세포의 침윤을 예방
- 소화관 또는 조직, 기관의 면역 세포에 의한 염증을 감소시킴

응용분야

- BT2013주의 미생물을 포함하는 가축 사료, 식품, 영양 보조 식품 및 식품 첨가물
- 살아있는 생물학적 요법 제품(LBP)

특허명	포도당의 생체 이용 효율이 낮은 섬유를 많이 포함하는 말토올리고당 제조 방법		
출원국가	일본	출원인	ROQUETTE FRERES
출원번호	2017-542861	등록번호	6811180
출원일	2016.02.16	등록일	2020.12.16

기술개요

낮은 영양가로 섬유식품에 사용되며, 당뇨병 치료 및 예방에도 효과가 있는 말토올리고당 제조 방법

개발배경

- 식이섬유를 포함하는 식품은 소량의 포도당만을 방출하거나, 미생물에 관해 포도당 방출이 매우 긴 경향을 보임. 이러한 특성은 당뇨병 증상에 노출된 위험을 억제하는 관점에서 유익한 가능성이 있는 것으로 나타남

기술 세부내용

- 말토올리고당 제조 방법
  a) 2종의 탄수화물 수용액을 준비. 용액 중량의 40~95%가 말토스로 이루어짐
  b) a)에서 얻어진 수용액을 1종의 폴리올 및 1종의 무기산 또는 유기산과 접촉
  c) b)에서 얻어진 수용액의 고형분을 총 중량이 적어도 75% 중량까지 증가시킴
  d) b) 또는 c)에서 얻어진 수용액을 50~500mbar 음압에서 140~300℃의 온도로 열처리시킴
- 여기서, 말토올리고당은 α-1,4-결합의 함유율이 1,4-글리코사이드 결합의 총수 65%~83%이며 1,6-글리코사이드 결합의 총수에 대한 1,4-글리코사이드 결합의 총수 비율이 1보다 크고 2.50 이하이며 α-1,6-결합의 함유율이 1,6-글리코사이드 결합의 총수35%~58%를 포함함

기술의 효과

- 혈당 강하
- 당뇨병 증상 완화

응용분야

- 다양한 식품(과자, 페스트리, 아이스크림, 젤리, 우유, 케이크 등)
- 영양 보조 식품, 의약품, 위생 제품(구강 위생 용액, 치약 등)

특허명	자연 면역 활성화 작용을 가지는 다당류 및 상기 다당류를 함유하는 자연 면역 활성화제 또는 식음료품		
출원국가	일본	출원인	IMAGINE GLOBALCARE CO LTD
출원번호	2016-156274	등록번호	6788882
출원일	2016.08.09	등록일	2020.11.05

기술개요

다당류를 포함하는 자연 면역 활성화 작용을 하는 식음료품

개발배경

- 채소는 건강 유지에 필요한 영양소를 갖고 있으나, 명확하게 자연 면역 기능을 활성화하는 물질을 함유하고 있는지 여부는 알려지지 않음
- 선행특허(PCT-JP2008-057105)에서 브로콜리의 추출물이 자연 면역 활성화 작용을 나타냄을 개시함
- 브로콜리에 한정하지 않고, 생물로부터 유효 부위(화학구조)만을 추출하여 자연 면역 활성화제를 제조하고자 함

기술 세부내용

- 갈락투론산(GalA), 갈락토스(Gal), 글루코스(Glc), 아라비노스(Ara) 및 람노스(Rha)를 몰비로 GalA:Gal:Glc:Ara:Rha=12.4:4.9:1.0:7.3:1.2 함유하고, α-1,4 결합의 폴리 갈락투론산 사슬을 주사슬로 하고, α-1,5 결합의 폴리아라비노스 사슬을 곁사슬로 하는 구조를 가지는 다당류

기술의 효과

- 자연 면역 기능 활성화
- 건강 유지, 피로 회복

응용분야

- 경구 고형제(정제, 피복 정제, 과립제, 산제, 캡슐제 등), 경구 액제(내복 액제, 시럽제, 엘릭시르제 등)
- 각종 식품 원료(유제품, 음료, 과자류, 곡물 가공품, 조미료 등)
- 기능성 식품, 건강 식품

특허명	상심자 및 복령피 혼합 추출물을 함유하는 퇴행성 신경질환의 예방, 개선 또는 치료용 조성물		
출원국가	일본	출원인	DONG A ST CO LTD
출원번호	2017-531902	등록번호	6546281
출원일	2015.12.03	등록일	2019.06.28

기술개요

당뇨병 개선에 유용한 사탕수수에서 추출된 식이섬유 재료의 식품 조성물 및 제조방법

개발배경

- 상심자는 주요성분으로서 안토시아닌, 페놀산, 플라보노이드 등을 가지고 있으며, 추출물과 분리된 단일성분에서 혈당 강하, MAO(mono amine oxidase) 저해 활성, 항산화 효과, 신경세포 보호를 연구한 결과들이 보고됨
- 복령피는 부종을 가라앉히는 효능이 있는 약재로 알려져 있으며 최근, 이뇨, 배뇨 촉진, 부종 감소 등의 효과가 보고됨

기술 세부내용

- 상심자(mulberry) 및 복령피(Poria cocos peel) 혼합물을 유효성분으로 함유
- 상심자와 복령피의 중량비가 4 내지 7 : 1 인 것 포함
- 상기 혼합물의 추출물은 퇴행성 신경질환의 예방 또는 치료용 약학적 조성물로서, 상기 퇴행성 신경질환은 알츠하이머 치매, 크로이츠펠트-야콥병, 헌팅튼병, 다발성경화증, 길랑바레 증후군, 파킨슨병, 루게릭병, 신경세포의 점차적인 사멸에 의한 진행성 치매 및 진행성 실조증으로부터 선택된 질환

기술의 효과

- 베타아밀로이드 생성 및 타우 인산화 억제
- NGF 생성 촉진작용을 통한 신경세포 보호 작용
- 신경세포 보호 및 아세틸콜린 에스테라아제 억제를 통한 신경전도 증가와 기억력 개선

응용분야

- 퇴행성 신경질환 예방 및 치료 기능성 식품
  (질환명: 알츠하이머 치매, 크로이츠펠트-야콥병, 헌팅튼병, 다발성경화증, 길랑-바레 증후군, 파킨슨병, 루게릭병, 진행성 치매, 진행성 실조증)

특허명	복령피 추출물을 함유하는 퇴행성 신경질환의 예방, 개선 또는 치료용 조성물		
출원국가	일본	출원인	DONG A ST CO LTD
출원번호	2017-532138	등록번호	6533294
출원일	2015.12.03	등록일	2019.05.31

기술개요

복령피 추출물을 유효성분으로 함유하는 퇴행성 신경질환 예방, 개선 또는 치료 효과를 가진 식품 조성물

개발배경

- 퇴행성 뇌질환인 알츠하이머 치매의 직접적인 발병 원인으로 Aβ plaque와 타우(Tau) 과인산화 신경섬유다발(tangle)의 세포독성이 주목되고 있음
- 복령피는 부종을 가라앉히는 효능이 있는 약재로 알려져 있으며 최근, 이뇨, 배뇨 촉진, 부종 감소 등의 효과가 보고됨

기술 세부내용

- 하기 효과를 가지는 것을 특징으로 하는 복령가죽 추출물을 유효성분으로 함유하는 퇴행성 신경질환의 예방 또는 개선용 식품 조성물
  1) 공간 기억력의 증진 또는 회복 효과
  2) 인지 기억력 향상 또는 회복 효과
  3) 신경세포 보호 작용
  4) 베타아밀로이드의 신경세포에 독성에 대한 억제 효과
  5) 베타아밀로이드 생성에 대한 억제 효과
  6) 신경 성장인자 생성 촉진 효과
  7) 아세틸콜린 에스테라아제 활성 억제 효과
  8) 아밀로이드 베타 42에 의해 유도되는 세포독성에 대한 억제 효과
  9) 타우의 인산화에 대한 억제 효과

기술의 효과

- 공간 및 인지 기억력 향상 효과
- 신경세포 보호 효과
- 베타아밀로이드 생성 및 타우 인산화 억제
- NGF 생성 촉진작용을 통한 신경세포 보호 작용
- 신경세포 보호 및 아세틸콜린 에스테라아제 억제를 통한 신경전도 증가

응용분야

- 알츠하이머 치매 예방 및 치료 기능성 식품

나) 미국

특허명	대사 경로를 조절하기 위한 조성물과 방법		
출원국가	미국	출원인	NUSIRT SCIENCES INC
출원번호	16/103766	등록번호	10383837
출원일	2018.08.14	등록일	2019.08.20

기술개요

지방산 산화 및 미토콘드리아 생합성의 증대를 유도하는 조성물

개발배경

- 에너지 소비량에 비해 에너지 섭취량이 많은 경우에 기인하는 기능 부전은 에너지 항상성 불균형을 가져와 광범위한 대사장애를 일으킴

기술 세부내용

- 구성 조성물
  - (a) 500mg의 류신 또는 케토-이소카프로산(KIC), 알파 하이드록시-이소카프로산 및 HMB(betahydroxymethylbutyrate)로 구성되는 군에서 선택되는 적어도 1종 이상의 약 200mg 양의 대사 산물
  - (b) 디펩티딜 펩티다아제(DPP) 억제제 및 비구아니드로 구성된 그룹에서 선택된 최소 100mg의 항당뇨병제
- 조성물은 알라닌, 글루탐산, 글리신, 이소류신, 발린, 프롤린을 포함하지 않음

기술의 효과

- 미토콘드리아 생합성 증대 효과로, 지방산 산화 증가, 인슐린 감수성 증가, 혈관 확장 유도, 체지방 감소 효과를 보임
- 지방세포, 평활근, 골격근 및 심근의 대사 활성 활성화
- 염증반응 감소 효과

응용분야

- 제2형 당뇨병 완화 및 치료용 식품
- 심혈관 질환 치료 및 예방 식

특허명	간질 치료를 위한 중쇄 지방질을 포함하는 조성물과 방법		
출원국가	미국	출원인	Societe des Produits Nestle SA
출원번호	15/690520	등록번호	10668041 (2020.06.02.)
출원일	2017.08.30	등록일	2020.06.02

기술개요

동물에게 항간질 작용 약품(AED) 효과를 보이는 중쇄 지방산 트라이글리세라이드(MCT)를 포함하는 식품 조성물

개발배경

- 사람과 개에게서 가장 흔한 만성 신경계 질환인간질의 치료를 위한 항간질 약제(AEDs)는 페노바르비탈(PB), 브롬화 칼륨 (KBr), imepitoin, 벤조디아제핀류, 가바펜틴 및 레베티라세탐을 포함함
- 기존의 항간질 약제로는 특발성 간질이 있는 개와 사람의 약 1/3에게는 계속해서 발작을 조절하기 어려운 문제점이 있으며, 다식, 다뇨, 다갈증 및 요실금 등의 부작용이 발생함
- 이에, 간질을 치료하기 위한 치료법 개발이 필요함

기술 세부내용

- MCT 구조체(R′, R″, R‴는 5-12개의 탄소를 갖는 독립적인 지방산
- 1%~7%인 MCT 및 15%~50%의 단백질을 포함하는 식품 조성물

기술의 효과

- 간질치료

응용분야

- 통조림 음식, 냉동 식품, 신선식품 등의 식품 조성물
- 건강 보조 식품(MCTs의 양이 약 0.1% ~ 12% 범위)
- 동물 사료 조성물(MCTs의 양이 약 1% ~ 15% 범위)

특허명	퇴행성 뇌질환 또는 인지기능 장애의 예방, 개선, 치료하기 위한 유산균 및 조성물		
출원국가	미국	출원인	University-Industry Cooperation Group of Kyung Hee University
출원번호	15/759928	등록번호	10471111
출원일	2016.09.06	등록일	2019.11.12

퇴행성 뇌질환 및 인지 기능 장애를 완화하고 치료의 효과가 있는 신규 유산균

- 유산균의 다양한 생리활성이 알려지면서, 최근 인체에 안전하면서 기능이 우수한 유산균 균주를 개발하고 기능성 식품으로 적용하려는 연구가 활발하게 진행되고 있음
- 하지만, 현대인에게 발병이 증가하고 있는 치매, 알츠하이머 등의 퇴행성 뇌질환을 개선하거나 치료할 수 있는 유산균 관련 기술은 출현하지 않아 개발의 필요성이 있음

- 동결건조된 식품 조성물로, 락토바실러스 존소니이(Lactobacillus johnsonii) CJLJ103 (수탁번호: KCCM 11763P)균주, 이의 배양물 또는 용해질을 포함함
  * 락토바실러스 존소니이(Lactobacillus johnsonii)는 김치로부터 분리된 혐기성 간균으로 그람염색에 양성을 나타내며 넓은 온도 범위 및 낮은 pH 환경에서 생존 가능
  * 락토바실러스 존소니이(Lactobacillus johnsonii)는 탄소원으로 D-글루코스, D-과당, D-만노오스, N-아세틸-글루코사민, 말토오스, 락토오스, 수크로오스, 겐티오비오스 등을 이용

- 본 기술의 락토바실러스 존소니이(Lactobacillus johnsonii) 균주는 안정성이 높고 항산화 활성, 베타-글루쿠로니다제 저해활성, 지질다당류 생성 억제 활성, 밀착연접단백질 발현 유도 활성 등의 효과
- 항산화 효과, 염증 발현 및 발암과 관련 있는 장내세균총의 유해균 효소활성 억제 효과가 우수하고, 장내세균총의 유해균이 생산하는 내독소인 LPS(lipopolysaccharide)의 생성을 억제하는 효과
- 기억력 및 학습능력의 증진 효과

- 퇴행성 뇌질환 개선 기능성 식품
- 기억 및 인지 기능 개선 기능성 식품

특허명	미토콘드리아성 기능을 개선하고 신경퇴행성 질환과 인지장애를 치료하기 위한 조성물과 방법		
출원국가	미국	출원인	Amazentis SA
출원번호	15/218663	등록번호	10857126
출원일	2016.07.25	등록일	2020.12.08

기술개요

대사 장애, 인지 기능 저하, 감정 상태 개선을 예방 또는 치료하는 식물성 추출물

개발배경

- 미토콘드리아 기능 장애는 당뇨병과 비만의 원인이 될 수 있다는 사실이 연구됨
- 과일 추출물이 미토콘드리아 기능의 유도제로서 사용될 수 있고, 질병을 예방 또는 치료에 사용되는 활성 성분을 포함하고 있음을 발견함

기술 세부내용

- 유효량의 유로리틴(urolithin) 또는 전구체를 토여함. 유로리틴은 엘라지탄닌(ellagitannin), 푸니칼라긴(punicalagin) 및 엘라그산(ellagic acid)을 포함할 수 있음
  * 유로리틴의 전구체는 천연 식품으로부터 분리되거나 합성에 의해 제조되어 제공되거나, 천연공급원에서 정제되거나 새로 합성됨
- 유로리틴 전구 물질과 화합물을 조합하여 사용 가능 (여기서, 화합물은 도네제필(Aricep®), 갈란타민(Razadyne®), 덱스트로암페타민(덱세드린®), 리스덱삼페타민(Vyvanase®) 등을 포함)

기술의 효과

- 대사 증후군, 비만, 심장 혈관 질환, 고지혈증, 대사 장애, 신경병성의 질병을 방지하거나 치료
- 인지 기능을 개선하고, 감정상태 장애, 불안증 장애, 스트레스 관련 불안증을 치료

응용분야

- 식품 가공품, 농축물, 자연 식품
- 식품 첨가물, 건강보조 식품, 기능성 식료품

특허명	타우 단백질 생산 촉진제, 타우 단백질 결핍에 의한 질환의 치료제·예방제 및 치료·예방용 식품 조성물		
출원국가	미국	출원인	WELL STONE CO
출원번호	15/523767	등록번호	10398740
출원일	2015.11.02	등록일	2019.09.03

기술개요

지렁이의 건조 분말 또는 추출물을 유효성분으로 함유하는 타우 단백질 생산 촉진제로, 타우 단백질 결핍으로 발생하는 알츠하이머 치료용 식품 조성물

개발배경

- 타우 단백질은 미세소관 결합 단백질의 일종으로, 중추신경계의 신경세포에 다수 존재함
- 타우 단백질이 과도하게 인산화되면, 미세소관이 불안정해 세포 내의 물질 수송이 억제되어 알츠하이머병이나 타우병증 등 신경 퇴행성 질환을 유발함

기술 세부내용

- 타우 단백질 생산 촉진제 제조방법
  1) 살아있는 지렁이를 칼륨, 나트륨, 마그네슘 및 칼슘으로 이루어지는 군으로부터 선택되는 적어도 1종의 금속의 염화물과 접촉시킴
  2) 지렁이를 분말 형태의 하이드록시 카복실산과 접촉시키고, 물로 희석하여 pH 2~5로 조정하고, 3~180분간 유지한 후, 살아있는 지렁이를 수세 및 마쇄하여 얻어진 마쇄물을 동결 건조함
  3) 상기 동결건조 제품을 110℃ 이상 130℃ 미만의 온도로 가열

기술의 효과

- 지렁이 건조 분말이 타우 단백질의 단백량을 증가시키고 특히 신경돌기 부위에서는 인산화량을 현저하게 감소시킴
- 천연물을 유효성분으로 하는 타우 단백질 생산 촉진제 제조 가능

응용분야

- 알츠하이머병 치료 및 개선 기능성 식품
- 타우병증 치료 및 개선 기능성 식품

특허명	ω-3 다가 불포화 지방산 및 레스베라트롤을 포함한 경구 투여용 균질 조성물		
출원국가	미국	출원인	ALFASIGMA S.P.A.
출원번호	15/316151	등록번호	10300035
출원일	2015.03.26	등록일	2019.05.28

기술개요

지질 대사 장애 및 혈소판 응집의 증대로 인한 심장혈관 질환 및 자유 라디칼로 인한 질환의 예방 또는 치료에 사용하기 위한 조성물

개발배경

- 유해한 자유 라디칼 반응이 퇴행성 질환 및 노화의 발병원인으로 연구됨
- ω-3 다가 불포화 지방산(n-3 PUFA)은 심장혈관 사상의 예방에 있어서 유익한 효과가 실증되었으며, 항염증성, 항혈전성, 항아테롬 경화성 및 항부정맥성 효과가 발견됨

기술 세부내용

- 오메가-3 다가 불포화 지방산 또는 그 알킬 에스테르와 인산염 콜린이 92% 이상 농축된 이온 유화제로 구성된 용매계
- 레스베라트롤(resveratrol) 또는 레스베라트롤을 포함하는 연 추출물
  * 레스베라트롤(trans-3,4',5,-트리하이드록시스틸벤)은 흑포도에 존재하는 폴리페놀 분자로 혈소판 응집의 억제제로서 작용함으로써, 심장 보호 효과를 가짐

기술의 효과

- 항산화 활성 및 세포 내 산화적 스트레스 완화
- 지질 대사 장애 및 혈소판 응집의 증대로 인한 심장혈관 질환, 동맥경화증, 암, 염증성 관절 질환, 천식, 당뇨병, 노인성 치매 및 변성 안질환 등 자유 라디칼로 인한 손상 또는 바이러스성 질환을 예방

응용분야

- 항산화 기능성 식품 및 영양 보조 식품
- 심장혈관 질환, 동맥경화증, 당뇨병 완화 기능성 식품

특허명	복합생약추출물을 함유하는 당뇨병성 말초 신경병증의 치료 및 예방을 위한 조성물		
출원국가	미국	출원인	Dong-A St Co. Ltd
출원번호	16/034288	등록번호	10398747
출원일	2018.07.12	등록일	2019.09.03

기술개요

산약(Dioscorea Rhizoma)과 부채마(Dioscorea nipponica) 추출물이 포함된 당뇨병성 말초 신경병증의 치료 및 예방하는 조성물에 관한 기술

개발배경

- 당뇨병성 말초 신경병증은 당뇨병의 가장 흔한 합병증이며, 신경병증의 가장 주요한 원인 중 하나로, 당뇨병에 의한 말초신경의 기능장애에 따른 제반 징후, 증상들로 정의됨
- 당뇨병성 말초 신경병증은 그 병인과 증상이 너무 다양해 환자 각각에 맞는 치료법을 찾기가 어려운 문제점이 있으며, 현재로서는 병의 근본적인 치료보다는 통증의 완화와 병의 진행을 막는 대증적 치료법이 주로 행해지고 있음
- 이에 당뇨병에 의해 파괴된 신경의 재생을 통한 근본적인 해결책의 필요성이 커지고 있으며, 신경의 재생을 촉진 시켜주는 신경 성장 인자를 통한 당뇨병성 말초 신경병증 치료에 관한 연구가 진행되고 있음

기술 세부내용

- 산약(Dioscorea Rhizoma)과 부채마(Dioscorea nipponica)의 총 중량 대비 산약:부채마=3.5:1 중량비로 혼합한 약제 조성물 및 건강기능식품
  * 산약은 마과에 속하는 식물로 마 또는 참마의 주피를 제거한 뿌리줄기(담근체)로서, 스테롤형 사포닌, 알란토인 등을 함유하고 있음
  * 부채마는 덩굴성 여러해살이풀인 부채마의 뿌리줄기로, 스테롤 형 사포닌을 포함함

기술의 효과

- 산약 또는 부채마 단독 추출물, 산약과 부채마의 다른 혼합비에 비하여 생체 내 신경 성장 인자(NGF) 함량 증가
- 신경세포의 증식과 신경돌기 형성 촉진 효과 및 인지능력 향상 효과

응용분야

- 당뇨병성 말초 신경병증 치료 및 예방을 위한 건강기능식품
- 인지 기능 개선 기능성 식품

특허명	고아밀로스 밀에서 생산되는 식품 원료		
출원국가	미국	출원인	Arista Cereal Technologies Pty Limited
출원번호	15/440652	등록번호	10750766
출원일	2017.02.23	등록일	2020.08.25

기술개요

대사성 질환, 심장 혈관 질환 등을 예방하는 고아밀로스 밀을 포함하는 음식 또는 음료를 생산하는 방법

개발배경

- 높은 아밀로스를 포함하는 식품은 식이 섬유의 한 형태인 저항성 전분이 자연적으로 더 높다는 사실이 밝혀짐. 저항성 전분은 장 건강을 증진시키고, 비만, 심장병 및 골다공증과 같은 질병을 예방하는데 중요한 역할을 함
- 개선된 고아밀로스 밀 농작물을 생산하고, 고아밀로스를 포함하는 음식 또는 음료를 생산하는 방법이 필요함

기술 세부내용

- 고아밀로스 밀을 포함하는 음식 또는 음료 생산
  a) 곡물을 획득
  b) 음식 또는 음료 성분을 생산하기 위해 곡물을 처리(SBEII 단백질을 포함하고, 적어도 50~67%의 아밀로스 함량을 포함하도록)
  c) 다른 음식 또는 음료 성분 음식 또는 음료 성분을 첨가함으로써, 음식 또는 음료를 생산

기술의 효과

- 장 건강 증진, 설사 개선, 프로바이오틱 박테리아 성장 촉진
- 인슐린 및 지질 수치 조절
- 신진 대사 건강, 심장 혈관 질환 예방

응용분야

- 빵, 면, 밀가루

특허명	식품, 영양보조식품, 화장품 및 의약품에 유용한 복수의 상승적 항산화 활성을 나타내는 피토복합체		
출원국가	미국	출원인	Nature's Sunshine Products, Inc
출원번호	15/072333	등록번호	10434131
출원일	2016.03.16	등록일	2019.10.08

기술개요

항산화 활성을 높이는 효과를 가진 사과, 포도, 녹차 및 올리브 추출물을 포함하는 조성물

개발배경

- 산화 스트레스는 많은 생체 내 대사 경로에 영향을 미쳐, 산소 및 질소의 반응 중 전파에 의해 자극되는 단백질 키나아제 활성 조직 특이적 조절과 관련된 장애를 포함한 많은 병태 생리학적 상태와 관계가 있다고 연구됨

기술 세부내용

- 산화 스트레스 조절 조성물로서 사과, 포도, 녹차 및 올리브의 추출물 조합을, 동량 중 하나의 추출물, 또는 상기 추출물의 합계에 의해 제공되는 것보다도 높은 항산화 활성을 제공하는 양으로 가지는 조성물

기술의 효과

- 산화 스트레스 및 단백질 키나아제 활성 증가 효과
- 산화된 LDL(oxLDL) 콜레스테롤 감소 및 생산 억제

응용분야

- 항산화 기능성 식품 및 음료
- 대사 증후군, I형 및 II형 당뇨병, 비만, 동맥경화증, 고혈압 완화 및 개선 식품

특허명	식후 혈당 제어를 위한 조성물 및 방법		
출원국가	미국	출원인	Omniblend Innovation PTY LTD
출원번호	15/037720	등록번호	10179158
출원일	2014.11.19	등록일	2019.01.15

기술개요

내당능장애(Impaired Glucose Tolerance, IGT) 또는 제2형 당뇨병의 식후 혈당을 제어하기 위한 음료 조성물 및 제조방법

개발배경

- 내당능장애(IGT)는 당뇨병 이전의 상태로, 인슐린 저항성과 심혈관 질환 위험성 증가
- 당뇨병 환자에서 식후 혈당조절은 중요한 문제이며, 이를 조절하기 위한 많은 연구가 진행되고 있음

기술 세부내용

- 내당능장애(Impaired Glucose Tolerance, IGT) 또는 제2형 당뇨병을 앓는 대상의 식후 생성되는 혈당 수치를 조절하는 방법
- 제조 및 투여 방법
  1) 건조 중량 기준으로 최소 8g의 유청 단백질과 1g~15g의 용해성 식이섬유 분율로 구성된 분말
  2) 분말 단위와 수성 액체를 단위 당 70 내지 400g으로 혼합
  3) IGT 또는 제2형 당뇨병을 앓고 있는 사람이 식사를 섭취하기 전에 음료로 제공

기술의 효과

- 식후 혈액 포도당 수치를 완만하게 조절함
- 식사 직전에 섭취하는 것이 효과적이며, 식전 15분까지 효과가 큼
- 인슐린 민감도를 증가시킴

응용분야

- 혈당조절 기능성 음료
- 내당능장애 및 제2형 당뇨병 완화 및 개선 식음료

특허명	상심자 및 복령 껍질의 혼합 추출물을 함유하는 조성물		
출원국가	미국	출원인	NeuroBo Pharmaceuticals, Inc
출원번호	15/535489	등록번호	10588927
출원일	2015.12.03	등록일	2020.03.17

기술개요

신경변성 장애를 방지하거나 개선, 치료하기 위한 상심자 및 복령 껍질 혼합 추출액을 포함하는 조성물

개발배경

- 상심자와 복령 껍질의 신경계 활성 연구 중에 이들 생약 추출물이 다양한 뇌신경 상해 또는 기억력 형성 억제 약품에 의해 유발되는 뇌신경 질환 모델에서 기억력 회복 작용을 나타냄을 확인함
- 또한, 상심자와 복령 껍질 생약 추출물이 뇌 내 신경세포의 사멸을 일으키는 물질의 생성을 억제하고, 신경세포의 재생 및 분화를 촉진하는 단백질 발현을 촉진해 신경세포를 보호하는 것을 확인함

기술 세부내용

- 상심자, 복령 껍질 혼합 추출물 제조 방법
 1. 상심자, 복령 각각을 세척하여 건조시킨 후, 절단함
 2. 상심자: 복령=4~7:1 중량비로 혼합함(상심자와 복령 껍질 중량비는4~7:1,4~6:1또는 5:1일수있음)
 3. 70% 에탄올을 상심자, 복령 혼합물에 1~20의 양으로 첨가함
 4. 이후, 혼합물을 상온에서 48시간 냉각 추출로 추출함

기술의 효과

- 치매를 포함하는 신경질환을 방지, 개선
- 인지 및 기억 강화
- 신경 세포 재생과 분화를 촉진하는 단백질 발현을 촉진

응용분야

- 약학 제제(분말, 캡슐, 현탁액 등)
- 음료, 차, 건강 기능성 식료품

특허명	지페노사이드 LXXV를 포함하는 자궁경부암의 예방 또는 치료용 조성물		
출원국가	미국	출원인	Intelligent Synthetic Biology Center
출원번호	15/512026	등록번호	10391111
출원일	2016.06.21	등록일	2019.08.27

기술개요

지페노사이드 LXXV 자궁경부암 예방 및 치료용 식품 조성물

개발배경

- 지페노사이드(Gypenoside)는 진세노사이드와 구조 및 생리 활성 작용이 매우 유사한 것으로 알려짐
- 지페노사이드가 피부 미백, 발모촉진, 당뇨병 및 비만 예방, 대장염 예방 등의 효과가 공지되어 있지만, 자궁경부암에 대한 활성은 연구된 바가 없음

기술 세부내용

- 지페노사이드(Gypenoside) LXXV 또는 그 약학적으로 허용되는 염을 유효 성분으로 포함하는 자궁경부암의 예방 또는 치료용 약학 조성물

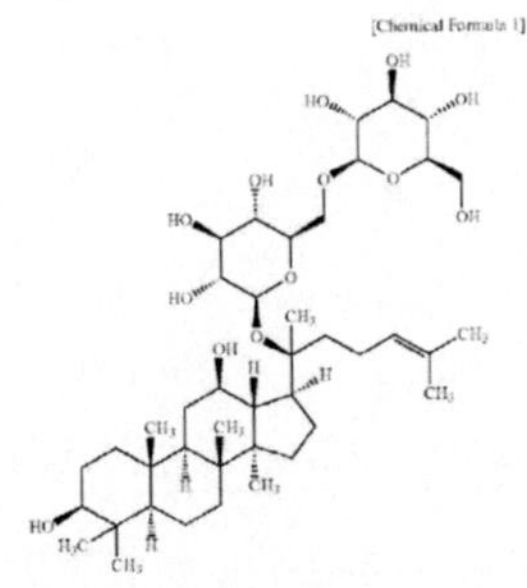

Gypenoside LXXV 화학식

기술의 효과

- 지페노사이드 LXXV는 투여 용량에 비례하여 세포분열 감소 효과를 보임
- 자궁경부암 세포주에 대해 항암 활성을 보이며, 그 외 다양한 암세포주에 대한 강한 활성 효과도 있음

응용분야

- 자궁경부암 예방 및 개선 기능성 식품

다) 유럽

특허명	혈중 콜레스테롤을 낮추는 음료		
출원국가	유럽	출원인	Raisio Nutrition Ltd
출원번호	2010-706690	등록번호	2400861
출원일	2010.01.26	등록일	2020.08.19

기술개요

혈청 및 LDL-콜레스테롤 레벨을 저하시키는 음료

개발배경

- 식사 대용 음료로서 과일 또는 야채를 포함하며 발효되지 않은 단백질을 포함하는 음료를 필요로 함
- 영양이 풍부하고, 혈중 총 콜레스테롤 수치와 LDL-콜레스테롤 수치를 낮출 수 있는 음료의 개발이 요구됨

기술 세부내용

- 단백질, 식물성 스테롤 에스테르, 식물성 스타놀 에스테르, 과일 및/또는 채소 제제 및 안정화제를 포함하는 음료
- * 단백질은 0.5~5.0중량%
- * 식물 스테롤 에스테르, 식물 스타놀 에스테르는 0.5~7.0중량%
- * 안정화제는 고 메톡시 펙틴을 포함하고, 0.1~1중량%
- * 과일 및/또는 채소 제제는 천연 과일, 채소 농도 30~1000중량

기술의 효과

- 혈중 총 콜레스테롤 수치와 LDL-콜레스테롤 수치를 낮춤

응용분야

- 음료, 드링크제
- 식사 대용 음료

특허명	면역강화 조성물		
출원국가	유럽	출원인	Actigenomics S.A
출원번호	2014-733097	등록번호	3027056
출원일	2014.04.22	등록일	2019.12.04

기술개요

자연 면역 방어를 구축, 강화, 효율화, 유지 및 재생할 수 있는 조성물

개발배경

- 영양, 면역, 감염은 서로 연관성이 높아 적절한 미량 영양소 보급으로 면역기능을 증진 시키고 감염을 억제할 수 있음
- 신체가 양호한 영양 상태를 유지하고 적정한 영양소를 저장하는 것이, 모든 종류의 감염에 대해서 유효한 면역 응답을 시작시키기 위해 중요한 것은 넓게 인정되고 있음

기술 세부내용

- 하기 세부 조성물을 포함하는 면역강화 조성물 제공
  a) 마그네슘, 아연 및 철
  b) 1개 이상의 식물성 오일
    * Ribes nigrum Oleum Acini(블랙커런트 씨 오일) 및 Elaeis guineensis Oleum (팜유) 중
  c) 2개 이상의 식물성 추출물
    * Thymus vulgaris(백리향), Cicer arietinum(병아리콩), Ervum lens(렌즈콩) 중
  d) 1개 이상의 해조
    * Fucus vesiculosus(푸쿠스), Undaria pinnatifida(미역), Palmaria palmata(덜스), Porphyra umbilicalis(김) 중
  e) 1개 이상의 비타민
    * vitamins A, B1, B2, B5, B6, B9, C, E, PP(B3) 중

기술의 효과

- 바이러스의 감염, 박테리아 감염, 말라리아, 곰팡이 감염, 과민증 등과 같은 기생충성 감염을 포함하는 병원성 감염과 관련된 증상 예방 및 완화
- 점막의 면역 방어를 증가
- 선천적 및 후천적 면역계 모두 강화 효과가 있음

응용분야

- 병원성 감염 증상 예방 및 완화 기능성 식품
- 면역 강화식품

특허명	인지기능 향상 기능을 가진 불포화 지방산 및 산화질소 방출 화합물을 포함한 조성물		
출원국가	유럽	출원인	Société des Produits Nestlé S.A.
출원번호	2016-163261	등록번호	3058942
출원일	2008.12.19	등록일	2019.12.04

기술개요

인지기능을 향상시키는 조성물 및 방법에 관한 것으로 특히 불포화 지방산 및 산화질소 방출 화합물을 포함한 조성물

개발배경

- 노화와 함께 인지기능에 손상이 발생하여, 단기 기억상실, 학습능력 저하, 주의력 저하, 운동능력 저하 등 다양한 방식으로 나타남
- 또는, 인지기능 저하는 알츠하이머병의 증세에서 발생하기도 함

기술 세부내용

- 하나 이상의 불포화 지방산(UFA) 및 산화질소 방출 화합물(NORC)을 포함
- 불포화 지방산(UFA)은 0.1%에서 50%의 함량
- 산화질소 방출 화합물(NORC)은 0.1%에서 20%의 함량
    * 불포화 지방산(UFA)는 n-3 지방산 및 n-6 지방산으로 구성되는 군을 제시
    * 산화질소 방출 화합물(NORC)은 아르기닌, 시트룰린, 오르니틴을 제시

기술의 효과

- 질병으로 인한 손상이나 뇌 기능의 변화 때문에 인지기능 저하가 발생한 경우, 인지기능 강화에 효과가 있음
- 사회적 상호작용 저하를 감소 또는 방지
- 학습능력 및 기억을 촉진

응용분야

- 인지기능 강화 기능성 식품 및 영양보조식품
- 치매 예방 및 개선 기능성 식품

특허명	동맥경화증의 치료를 위한 순환하는 산화된 저밀도 지방단백질-베타-2- 당 단백질 1 복합체를 낮추는 방법		
출원국가	유럽	출원인	Framroze, Bomi P
출원번호	2009-825826	등록번호	2355812
출원일	2009.11.10	등록일	2019.07.10

기술개요

동맥경화증을 예방하고 치료하기 위한 조리용 오일 조성물을 함유하는 천연 다불포화지방산에 관한 기술

개발배경

- 동맥경화증은 동맥벽의 약화과정 및 이러한 혈관 내부에 혈류량이 부족해 발생하는 질병으로 관상동맥에서 빈번히 일어나며, 심근경색을 일으킴
- 이를 치료하기 위해 혈청 콜레스테롤의 농도를 제어하는 방법이 사용되고 있지만, 콜레스테롤 흡수와 산화와 같은 초기 단계에서는 영향을 미치지 않는 문제가 있음

기술 세부내용

- 동맥경화증의 예방 및 치료를 위한 조성물로, 혈청 내에서 순환하는 oxLDL-beta-2-glycoprotein 1 복합체 및 미엘로퍼옥시다아제(Myeloperoxidase)를 감소시키는 방법을 제공
- 1-99 wt%의 다불포화지방산을 함유하는 식이성 생선 오일 조성물
- 도코사헥사엔산(DHA), 에이코사펜타엔산(EPA) 및 도코사펜타엔산(DPA)이 각각 0.5-1, 0.1-1 및 0.1-0.5의 비율로 된 혼합물을 포함

기술의 효과

- oxLDL-beta-2-glycoprotein을 감소시켜 oxLDL 및 미엘로퍼옥시다아제 농도 저하
- 순환하는 oxLDL-β2GPI 복합체 농도를 현저하게 감소시켜, 동맥경화 혈전 발달 억제

응용분야

- 동맥경화증 예방 및 개선 식품
- 항산화제 식품

특허명	타우 단백질 생산 촉진제, 타우 단백질 결핍증에 의한 질병의 치료제 또는 예방제 및 치료제 또는 예방용 식품 조성물		
출원국가	유럽	출원인	Well Stone Co.
출원번호	2015-856572	등록번호	3216456
출원일	2015.11.02	등록일	2020.09.16

기술개요

타우 단백질 결핍증으로 인한 질병의 치료 또는 예방을 위한 식품 조성물

개발배경

- 타우 단백질 기능을 치료하는 방법으로 미세소관 안정화제, 에포틸론 D를 사용하는 치료제에 관련한 선행기술이 있음
- 천연물을 활용하여 부작용이 거의 없으며, 타우 단백질 결핍증의 증상을 개선할 수 있는 치료제가 요구됨
- 지렁이 추출물 및 건조 지렁이 분말을 각종 질병의 예방제, 치료제로 사용하였으나, 알츠하이머병과 같은 타우 단백질 결핍증의 예방 및 치료를 위한 지렁이의 사용에 대한 보고는 없었음

기술 세부내용

- 건조 지렁이 분말 제조
  1. 살아있는 지렁이를 금속의 염화물에 접촉시킨 후, 물로 세척하고, 분쇄
  2. 분쇄물을 동결건조
  3. 동결 건조된 분쇄물에 포함된 불용성 성분을 제거

기술의 효과

- 타우 단백질 결핍증 치료 및 타우 단백질 결핍증으로 인한 증상 개선

응용분야

- 식품 조성물, 첨가제

특허명	자녀의 비만, 과체중 또는 체중 증가 예방을 위해 산모에게 투여하는 비타민 B6		
출원국가	유럽	출원인	Société des Produits Nestlé S.A
출원번호	2015-700286	등록번호	3091975
출원일	2015.01.09	등록일	2020.08.26

기술개요

태아의 비만, 과도한 지방 축적 및/또는 관련 대사 장애를 예방하기 위해 산모 식품에 사용할 수 있는 비타민 B6

개발배경

- 산모의 비만, 당뇨병, 과도한 임신 중 체중 증가는 유아의 과체중과 비만에 연관이 있음이 연구됨
- 다중 코호트 연구에서 임산부의 비타민 B6 결핍으로 인해 자녀가 과체중, 비만, 과도한 지방 축적 및 대사 장애가 발생할 가능성이 증가함을 밝혀냄

기술 세부내용

- 단백질, 철, 요오드, 비타민 A 및/또는 엽산의 공급원을 포함하는 식품 조성물로 제공될 수 있음
- 곡물 제품, 영양보충제, 영양제, 유제품 등 식품 조성물로 제공될 수 있음
- 우유 또는 물에 섞어먹는 분말 형태의 조성물로 제공될 수 있음
- 또는, 비타민 B6는 생선, 쇠고기, 달걀, 완두콩, 야채, 과일, 견과류 등의 천연 공급원에서 제공될 수 있음

기술의 효과

- 자녀의 비만, 과체중 및 대사 장애의 위험을 감소시킴
- 복부 또는 내장 지방 감소시킴

응용분야

- 곡물 제품, 영양 보충제, 영양제, 유제품 등 식품 조성물에 포함
- 우유 또는 물에 섞어먹는 분말 형태의 식품 조성물

특허명	비만 및 비만 관련 질환 치료를 위한 프로바이오틱스 조성물 및 방법		
출원국가	유럽	출원인	Prothera, Inc
출원번호	2013-839430	등록번호	2898061
출원일	2013.08.12	등록일	2019.11.06

기술개요

비만, 당뇨병 및 관련 질환 증상을 개선하거나 감소시키고 치료하는 프로바이오틱스 조성물

개발배경

- 미생물은 탄수화물 및 지질 대사에 영향을 미치는 생활성 물질들을 생산하고, 장 및 전신의 염증 과정 모두를 조절한다고 연구됨
- 이에 따라, 비만 및 당뇨의 제어에 유효한 영양 보충제 및 프로바이오틱 식품을 발굴하고자 하는 관심과 필요성이 증가하고 있음

기술 세부내용

- 비만을 예방 또는 개선하기 위한 조성물
- 2종 이상의 프로바이오틱 미생물을 함유하는데, 제1 종은 락토바실러스(Lactobacillus)를 포함하는 군으로부터 선택되고 제2 종은 비피도박테리움(Bifidobacterium) 또는 류코노스톡(Leuconostoc)을 포함
- 캡슐, 정제, 건조 분말, 식품 또는 음료 내의 활성 성분으로 활용

기술의 효과

- 2종 이상의 프로바이오틱 미생물을 포함하는 조성물이 체중 감소와 당뇨병에 대하여 시너지적 효과를 보임
- 비만-관련 질환인 인슐린 저항성, 고혈당증, 당뇨병, 고중성 지방혈증, 동맥경화, 협심증, 심근경색 및 뇌졸중 질병을 완화하는 효과

응용분야

- 비만, 당뇨병, 고혈압, 심혈관 질병의 치료 기능성 식품

특허명	복령 껍질 추출물을 함유하는 신경퇴행성 질환의 예방, 개선 또는 치료용 조성물		
출원국가	유럽	출원인	NeuroBo Pharmaceuticals, Inc.
출원번호	2015-870223	등록번호	3235502
출원일	2015.12.03	등록일	2020.02.26

기술개요

복령 껍질 추출물을 유효성분으로 함유하는 퇴행성 신경계 질환 예방 및 치료용 약학적 조성 및 식품 조성물

개발배경

- 복령 껍질 추출물이 뇌손상 또는 기억 억제제에 의해 유발된 뇌 신경병증에서 기억 회복 활성을 보이는 것으로 연구됨
- 연구결과, 복령 껍질 추출물이 뇌에서 신경세포사멸을 유발하는 물질의 생성을 억제하고, 신경세포를 보호하는 단백질의 발현을 촉진하여 신경세포를 보호하는 것으로 나타남

기술 세부내용

- 복령 껍질 추출물은 물, 알코올 또는 물과 알코올의 혼합물을 사용하여 추출함
- 추출용매 중 하나인 알코올은 메탄올, 에탄올, 부탄올 중 하나를 선택하여 사용함
- 다른 유효성분으로는 포도당, 자일리톨, 젤라틴, 셀룰로오스, 인산칼슘, 말티톨, 유당, 미네랄 오일 등의 담체, 희석제 또는 부형제들을 포함할 수 있음
- 식품 조성물로 제조될 경우, 비타민, 미네랄(전해질)과 같은 첨가제를 포함할 수 있고, 합성 풍미제, 조미료 등을 포함할 수 있음

기술의 효과

- 치매를 포함하는 신경질환을 방지, 개선
- 신경세포를 보호하고, 기억력을 증가
- 신경세포 재생과 분화를 촉진하는 단백질 발현을 촉진

응용분야

- 약학 제제(분말, 캡슐, 현탁액 등)
- 음료, 차, 건강 기능성 식료품

2) 국내 동향

특허명	오미자 및 콩즙을 포함하는 당뇨개선용 식품조성물 및 이의 제조방법		
출원국가	한국	출원인	한국식품연구원
출원번호	1020190006086	등록번호	1020610480000
출원일	2019.01.17	등록일	2019.12.24

기술개요

오미수 및 콩즙을 포함하는 혼합물을 유효성분으로 함유하는 당뇨개선용 식품조성물 및 이의 제조방법

개발배경

- 당뇨병 치료에는 비구아니드(biguanides), 티아졸리딘디온 (thiazolidinediones), 설포닐우레아(sulfonylureas), 벤조산(benzoic acid) 유도체, α-글루코시다아제 저해제(α-glucosidase inhibitor) 등이 사용되고 있으나, 이들 약물을 이용한 당뇨병 치료는 많은 부작용이 따르고 있어, 세계보건기구(WHO)는 당뇨병에 부작용이 적은 천연물의 이용을 적극 추천하고 있음.

기술 세부내용

- 세척한 생오미자를 믹서기로 분쇄한 후, 70메쉬 여과포로 여과하여 씨와 찌꺼기를 제거하여 생오미자 착즙액 제조
- 수분함량 8 중량%인 건조 오미자에 물을 1: 18 중량비로 첨가한 후 상온에서 24시간 동안 불리고, 믹서기로 분쇄한 후, 70메쉬 여과포로 여과하여 씨와 찌꺼기를 제거하여 건조오미자 착즙액 제조
- 세척한 대두가 잠길 정도로 물을 첨가하여 12시간 동안 불린 후 불린 대두를 110 ℃로 증자시키고 차가운 물에 상기 증자된 대두를 넣고 씻으면서 껍질을 제거한 다음 껍질이 제거된 대두를 믹서기로 분쇄한 다음 70메쉬 여과포로 여과하여 비지가 제거된 콩즙 수득

기술의 효과

- α-글루코시다아제(α-glucosidase) 억제 활성
- 식후 혈당 상승을 억제함으로써 당뇨 개선

응용분야

- 혈당조절용 건강기능식품
- 일반 식품에서 특수용도식품 중 당뇨환자용 식품

특허명	누에, 감피 및 오미자의 추출 혼합물을 유효성분으로 함유하는 항당뇨 조성물		
출원국가	한국	출원인	전라북도
출원번호	1020160170234	등록번호	1017990020000
출원일	2016.12.14	등록일	2017.11.13

기술개요

누에, 감피 및 오미자의 추출 혼합물을 유효성분으로 함유하는 항당뇨 조성물

개발배경

- 혈당강하 약제로는 인슐린 제제나, 경구용 제제인 설포닐 우레아(sulfonyl urea)계 약제와 비구아나이드(biguanide)계 약제가 주로 사용되고 있으나, 알레르기 현상, 골수억제, 저혈당 등과 같은 부작용이 있으므로, 간 또는 신장장애환자나 저혈압, 심근경색 및 저산소증이 있는 환자, 노인 등에 대한 투여는 신중할 필요가 있음.
- 따라서, 기존의 약제가 가지고 있는 한계 극복 및 부작용을 최소화하기 위해 천연소재 및 약리물질에 대한 연구가 필요함.

기술 세부내용

- 누에 추출물 및 감피 추출물의 제조는 500g의 누에 건조분말 및 500g의 감피 건조분말에 각각 50%(v/v) 에탄올5ℓ를 첨가하여 25℃에서 12시간 동안 추출한 후 여과지를 이용하여 분리한 여과액을 회전증발농축기를 이용하여 1차 농축한 후, 동결 건조
- 오미자 추출물의 제조는 500g의 오미자 건조분말에 100%(v/v) 에탄올 5ℓ를 첨가하여 25℃에서 12시간 동안 추출한 후 여과지를 이용하여 분리한 여과액을 회전증발농축기를 이용하여 1차 농축한 후, 동결 건조
- 누에 추출물, 감피 추출물 및 오미자 추출물을 건조시킨 후, 디메틸설폭사이드(dimethylsulfoxide)를 이용하여 0.1㎎/㎖로 용해시킨 다음, 혼합비율(%)에 따라 누에, 감피 및 오미자의 추출 혼합물 제조

기술의 효과

- 부작용 감소
- α-글루코시다아제(α-glucosidase)의 저해활성이 우수

응용분야

- 당뇨병의 예방, 개선 또는 치료용 건강기능식품 또는 의약품

특허명	다래순 추출물 또는 이의 분획물을 유효성분으로 함유하는 항당뇨 조성물		
출원국가	한국	출원인	중앙대학교 산학협력단
출원번호	1020140170633	등록번호	1017311520000
출원일	2014.12.02	등록일	2017.04.21

기술개요

다래의 어린잎인 다래순의 추출물 또는 이의 분획물을 유효성분으로 함유하는 항당뇨용 조성물

개발배경

- 현재 당뇨병 치료를 위해 사용되고 있는 약물의 경우, 지속적인 약효가 미비하고, 체내에서 각종 부작용을 일으키는 문제점이 있으며, 특히 많은 치료제들이 신장독성 및 간독성을 유발시키는 문제점이 있음.
- 따라서 이러한 부작용을 줄이면서 동시에 우수한 항당뇨 약리효과를 가지는 천연물질의 개발이 시급함.

기술 세부내용

- 다래순을 저온건조 또는 동결건조하여 건조 중량에 대해 약 10배 내지 300배, 바람직하게는 약 100배 내지 300배의 용매를 이용하여 당업계에 공지된 용매 추출 방법을 통해 다래순 추출물 수득
- 다래순을 건조한 다음, 물, 50%에탄올 또는 100%에탄올을 첨가하여 상온에서 12시간 동안 추출함. 이후 추출된 다래순 추출물은 원심분리, 여과 및 농축 과정을 거쳐 농축된 다래순 추출물의 형태로 제조하였으며, 제조한 추출물은 동결건조하여 -80℃에 보관함.

기술의 효과

- 부작용의 위험이 낮음.
- α-글루코시다아제 저해 활성이 우수하여 당뇨병을 예방, 개선 또는 치료 가능

응용분야

- 당뇨병의 예방, 개선 또는 치료용 건강기능식품 또는 의약품

특허명	소화기암 환자의 영양상태 개선용 균형영양식 조성물 및 이의 제조방법		
출원국가	한국	출원인	대상라이프사이언스(주)
출원번호	1020190104502	등록번호	-
출원일	2019.08.26	등록일	-

기술개요

소화기암 환자의 영양상태 개선용 균형영양식 조성물 및 이의 제조방법

개발배경

- 암 환자에서 영양결핍의 원인은 다양하나 악성종양 성장으로 인해 악액질(cachexia)이 유발됨에 따라 식욕부진및 영양소 대사변화가 수반되고 이로 인한 심각한 체중감소가 발생함.
- 전반적인 영양상태 개선을 위한 일반 영양보충제 및 악액질 발생을 억제할 수 있는 특수소재 첨가 영양보충제 등을 활용한 영양중재 연구가 필요하고 이를 기반으로 한 다양한 환자식 개발이 필요함.

기술 세부내용

- 구성 조성물
  1) 정제수에 산도조절제를 용해시키고, pH를 5.5~7.5로 조절
  2) 용해물에 카제인나트륨, 분리대두단백을 첨가하여 용해시키고, 채종유, 고올레산해바라기유, MCT오일, 피쉬오일을 첨가하여 용해
  3) 용해물에 난소화성말토덱스트린, 이소말토올리고당, 저감미당 , L-아르기닌, 미네랄류 및 비타민류를 더 첨가하여 용해

기술의 효과

- 소화기암 환자의 영양상태 및 면역력 증가

응용분야

- 소화기암 환자의 영양상태 개선용 균형영양식 조성물

특허명	갈색거저리를 이용한 연하식품 및 이의 제조방법		
출원국가	한국	출원인	대한민국(농촌진흥청장) 주식회사 한국메디칼푸드
출원번호	1020150157450	등록번호	1017461110000
출원일	2015.11.10	등록일	2017.06.05

기술개요

갈색거저리를 이용한 연하식품 및 이의 제조방법

개발배경

- 소고기 대체 단백질원으로 갈색거저리를 이용함으로써 연하곤란자에게도 영양 및 관능적으로 균형영양식 공급을 가능하도록 하며, 특히 갈색거저리의 항암활성으로 인해 병원 치료식 메뉴로도 적용이 가능한 갈색거저리를 이용한 연하식품 및 이의 제조방법을 제공

기술 세부내용

- 구성 조성물
  1) 갈색거저리 분말과 정제수를 혼합한 후, 균질화하여 젤리 액상원료 제조
  2) 젤리 액상원료를 여과하여 갈색거저리 분말의 키틴질 제거
  3) 갈색거저리 분말의 키틴질을 제거한 젤리 액상원료와 젤리 분말원료을 혼합한 후, 가열하여 혼합물 제조
  4) 혼합물에 정제수, 누룽지맛 분말, 누룽지 향, 산도조절제 및 정제수로 구성된 조미용 액상원료를 넣고 혼합한 후, 가열하여 젤리액 제조
  5) 젤리액을 용기에 충진
  6) 충진한 젤리액을 살균한 후, 냉각하여 젤리형태의 연하식품 제조

기술의 효과

- 소고기 대체 단백질원으로 갈색거저리의 이용가능성 확인
- 곤충에 대한 인식 전환
- 곤충산업 활성화

응용분야

- 갈색거저리를 이용한 연하식품

특허명	체중조절용 식사대용식 음료 조성물 및 이의 제조방법		
출원국가	한국	출원인	웅진식품주식회사
출원번호	1020120018880	등록번호	1013329200000
출원일	2012.02.24	등록일	2013.11.19

기술개요

간편하게 음용할 수 있는 체중조절용 식사대용식 음료 조성물

개발배경

- 체중조절용 조제식품의 제품조건에 부합하면서 음료형태로 제조하여 언제 어디에서나 간편하게 음용함으로써 영양보충은 물론 식사대용식으로 가능한 제품을 개발할 필요성이 대두됨.

기술 세부내용

- 구성 조성물
  1) 두부를 데친 후 생크림 및 설탕을 넣고 휘핑하는 단계
  2) 휘핑된 두부에 우유 및 구아검(Guar Gum)을 첨가하여 끓이면서 혼합하는 단계
  3) 혼합된 재료를 갈아주면서 영양소를 첨가하는 단계
  4) 혼합물을 용기에 넣은 후 방사선을 조사하는 단계

기술의 효과

- 환자용 균형영양식을 만들기 위한 영양소를 첨가하고 방사선 처리하여 제조된 영양성이 우수한 환자용 멸균 아이스크림

응용분야

- 환자용 균형영양식
- 일반인의 기호유제품

특허명	영양성이 우수한 환자용 멸균 아이스크림의 제조방법		
출원국가	한국	출원인	한국원자력연구원
출원번호	1020160086209	등록번호	1018291330000
출원일	2016.07.07	등록일	2018.02.07

영양성이 우수한 환자용 멸균 아이스크림 및 이의 제조방법

- 면역력이 약한 환자 또는 면역결핍 환자에게 있어서 멸균된 무균 식품이 제공되어야만 하는데, 일반적으로 가열처리에 의해 멸균되는 타락죽의 경우 색이 어두워지고, 맛이 저하되는 등 관능적 품질감소와 비타민 등 영양성분 파괴를 야기함.
- 면역력이 약한 환자가 섭취할 수 있는 무균 아이스크림제품은 전무한 상태임.

- 분리대두단백 2.0~5.0중량%; 곡물 페이스트 조성물 10.0~25.0중량%; 무화과 농축액 0.05~2.0중량%; 쌀추출 농축액 1.0~3.0중량%; 혼합 안정제 0.05~0.12중량 %; 감미료 2.0~5.0중량%; 해조 분말 0.1~0.3중량%; 비타민 믹스 0.01~0.1중량%; 비타민C 0.01~0.06중량%; 비타민A 혼합제제 0.001~0.05중량%; 철분 0.0005~0.002중량%; 아연 0.0005~0.003중량%; 가르시니아캄보지아 껍질추출물 0.005~0.05중량%; 난소화성 말토덱스트린 0.1~1.0중량%; 곡물향 0.01~0.3중량% 및 잔량의 물을 포함하는 체중조절용 식사대용식 음료 조성물을 제공

- 간편하게 음용할 수 있는 체중조절용 식사대용식 음료 조성물 개발

- 영양성이 우수한 환자용 멸균 아이스크림

05

메디푸드 기업동향

5. 메디푸드 기업동향

가. 해외기업[18]

1) Nestle Healthcare Science

네슬레 헬스케어 사이언스(Nestle Healthcare Science)는 글로벌 식료품회사인 Nestle의 건강 관리 영양 사업으로 2011년에 만들어 졌으며, 소아 알레르기용, 고령자용(연하곤란자용), 칼로리 및 단백질 강화제, 당뇨병 치료식, 경관영양식, 대사질환자용식품등 총 32종류의 자체 브랜드를 통해 의료용 식품을 판매하고 있다.

브랜드	대표제품명	제품 설명	제품 이미지
Boost	Boost Glucose Control	당뇨병 환자에게 균형 잡힌 영양을 제공하는 음료로 혈당치를 관리하는데 도움이 되도록 고품질 단백질, 탄수화물, 25개의 비타민과 미네랄의 영양소가 포함된 제품	
Peptamen	Peptamen	패혈증 및 위장 장애와 같은 정상적으로 음식을 소화하는데 문제가 있는 환자를 위해 정관으로 영양분을 흡수 할 수 있도록 만든 제품	
Resource	Resource 2.0	연하곤란자를 위해 섭취하기 쉽게 음료로 만들어진 제품이며 8oz를 섭취할 때 480칼로리와 단백질을 섭취할 수 있음	
Novasource	Novasource Renal	신장질환자의 영양보충을 위해 단백질, 비타민, 미네랄이 포함된 제품	
Glytrol	Glytrol	당뇨병이나 고혈당증 환자의 혈당 조절과 영양공급을 위해 튜브식으로 만들어진 제품이며 소화작용을 도와주는 프리바이오틱 섬유소인 PREBIO가 포함된 제품	

[표 47] Nestle Healthcare Science 주요 제품

---

18) 2018 가공식품 세분시장 현황, 특수의료용도등식품 시장, 농림축산식품부, 2018

2) Abott Nutrition

 Abott Nutrition 사는 미국에 본사를 두고 있는 세계적인 헬스케어 기업으로 진단의
학, 의학기기, 제약의 4가지 핵심 사업을 진행 중에 있다. 또한, 과학 연구를 기반으
로 영양식 제품을 출시하고 있으며, 치료 영양식 사업이 가장 많은 비중을 차지하고
있다.

브랜드	대표제품명	제품 설명	제품 이미지
페디아슈어 (PediaSure)	PediaSure Sidekicks Clear	120칼로리의 단백질, 각종 미네랄 성분, 19가지 필수비타민, 3가지 필수향산화성분이 포함된 아동용 균형 영양식	
엔슈어 (Ensure)	Ensue Enlive	소실된 근육의 재형성을 돕고, 새로운 힘과 에너지를 공급해주는 고령층 타깃 영양식 음료	
엘레케어 (EleCare)	ElaCare Amino Acid-Based Powder Infant Formula with Iron (0-12 Months)	단백질 섭취가 어려운 유아들을 위한 경구 및 경관급식용 아미노 선 보충제	
Pedialyte	Pedialyte Classic	필수 수분과 미네랄이 포함되어 있으며 설사, 구토, 운동 등으로 인한 탈수증 예방 제품	
글루서나 (Glucerna)	Glucerna Hunger Smart	당뇨병 환자들을 위한 대용식으로, '카브 스테디(Carb Steady)'라는 탄수화물이 혈당 지수를 낮추고 소화되는 속도를 늦춰 혈당 수치의 상승을 최소화 시키는 역할을 함	

[표 48] Abbott Nutrition 주요 제품

3) Mead-Johnson

Mead-Johnson Nutrition사는 주력 제품인 'Enfamil'을 통해 미국 및 전 세계로 제품을 유통하고 있는 세계적인 유아용 조제분유 제조업체다. 세계 50개국 이상에 유아 영양, 어린이 영양, 알레르기 식이관리, 대사질환 관리, 성인용 영양제품 등 다양한 Medical Foods를 판매하고 있다.

브랜드	대표제품명	제품 설명	제품 이미지
Nutramigen	Nutramigen AA	저 자극성 아모노산, DHA와 ARA가 포함되어 있으며, 단백질 흡수 장애가 있는 유아를 위한 제품	
BCAD	BCAD 1	메이플시럽뇨증(MSUD)64)을 지닌 유아의 식이 관리를 위해 철분이 강화된 Medical food 파우더 제품	
Portagen	Portagen	지방 내부의 담즙 감소 결함이 있는 소아 및 성인을 위한 트리글리세리드를 함유한 유단백 단백질 기반 파우더 제품	
Enfaport	Enfaport	유방암이나 LCHAD 결핍증이 있는 영유아의 독특한 영양 요구를 충족시켜주는 제품으로 DHA와 AHA가 함유되어 있음	
Sustagen	Sustagen KIDS	어린이의 건강한 성장과 발달을 지원하는 DHA 및 철분 등의 전문 영양 기능이 포함된 어린이용 제품	

[표 49] Mead-Johnson 주요 제품

4) Danone Nutricia

Nutricia는 의료용식품 및 영양 식품을 전문으로 취급하는 Danone 그룹의 자회사 중 하나로, 유럽에서 가장 큰 영양식 제조사다. Nutricia는 Nutricia Research를 통해 의료용 식품 개발에 노력을 기울이고 있으며, 대사 질환자용 식품, 에너지 보충 음료, 고단백질 영양보충제, 장내 수유 펌프 등 다양한 제품을 개발·판매하고 있다.

브랜드	대표제품명	제품 설명	제품 이미지
The Anamix Range	Anamix infant	선천성 신진대사질환이 있는 어린이의 성장과 발달을 돕기 위해 아미노산을 기본으로 하는 단백질, 에너지 등 특정 영양 성분을 제공하는 식품	
Cubitan	Cubitan Strawberry	高에너지, 高단백질 경구 영양 보충제로 아르기닌, 아연 및 노화방지제가 함유되어 있으며 바닐라 맛, 딸기 맛, 초콜릿 맛 으로 이루어져 있음	
Forti Care	Forti Care	밀크쉐이크 스타일의 영양 제품으로, n-3 지방산, 노화 방지제, 섬유질이 풍부함. Forticare는 영양소가 부족한 환자의 식사를 보완하는 용도의 식품임	
Fortimel	Fortimel Extra	환자의 영양실조 관리를 위한 高단백질, 에너지 밀도가 높은 의료용 영양 식품으로 물, 필수 미네랄, 비타민을 함유한 제품. 200ml로 제공되며 1회 섭취로 18g의 단백질 및 300kcal의 에너지를 섭취할 수 있음	
Liquigen	Liguigen	난치병 간질과 MCT생성 조절이 가능한 제품으로, 50%의 물과 50%의 오일로 구성되어 있음	

[표 50] Danone Nutricia 주요 제품

5) Nualtra

아일랜드에 위치한 Nualtra사는 영양사인 Paul Gough가 2012년에 설립하였으며, 영국 및 아일랜드 지역에서 가장 빠르게 성장하고 있는 의료용식품 제조 회사다. Nualtra의 제품은 저렴하지만 맛과 영양이 뛰어난 경구 의료용식품이 주를 이룬다.

브랜드	대표제품명	제품 설명	제품 이미지
Foodlink Complete	Foodlink Complete with Fiber	분말 형식으로 이루어진 고단백 영양 보충식품으로, 200ml의 제품에는 418kcal와 18.5g의 단백질이 포함된 경구영양보충제임. 딸기 맛, 초콜릿 맛, 바닐라 맛, 바나나 맛으로 나뉘어져 있음	
Altrashot	Altrashot	비타민과 미네랄이 함유된 고밀도 에너지 액체 보충제로, 질병과 관련된 영양실조를 앓고 있는 환자들의 식이관리를 위한 제품임. 120ml로 이루어져 있으며 120kcal와 단백질 6g, 27가지 종류의 비타민과 미네랄을 섭취 할 수 있으며 유당과 글루텐이 없는 것이 특징임	
Nutricrem	Nutricrem	高에너지, 高단백질의 디저트 스타일의 의료용식품으로, 125g에 225kcal와 12.5g의 단백질을 함유한 경구의료용식품임. 질병에 따라 영양 요구가 증가한 환자 또는 다른 식품으로 영양을 충족시키지 못하는 환자들을 위한 제품임	
Altraplen	Altraplen Compact	영양실조가 있거나 영양실조의 위험이 있는 환자의 식이관리에 사용되는 제품으로, 高에너지, 高단백의 밀크쉐이크 형태의 제품임. 125ml로 구성되어 있으며 300kcal와 12g의 단백질을 함유한 경구 의료용식품임	
	Altraplen Protein	심한 상처, 수술 후 또는 영양실조의 위험이 있는 환자의 식이관리에 사용되는 제품으로 에너지, 高단백의 밀크쉐이크 형태의 제품임. 200ml로 구성되어 있으며 300kcal와 20g의 단백질을 함유한 경구의료용식품임	

[표 51] Nualtra 주요 제품

6) Vitaflo

Vitaflo는 신장 질환과 같은 선천성 대사질환, 질병 관련 영양 결핍 등을 위한 의료
용식품 개발, 제조, 판매 회사이며 2012년, 글로벌 식품 및 음료 제조회사인 Nestle
Health Science에 인수되었다. 현재는 페닐케톤뇨증, 단백질 대사질환, 탄수화물 대
사질환, 소아 신장질환, 질병 관련 영양실조를 위한 의료용 식품을 판매하고 있다.

브랜드	대표제품명	제품 설명	제품 이미지
Pro-ca	Pro-cal Shot	질병 관련 영양실조에 걸린 환자들을 위한 제품으로 단백질, 지방, 탄수화물을 제공하는 경구영양보충제임. 120ml의 병으로 이루어져 있으며 400kcal와 2g의 단백질을 제공하며 3세 이상부터 섭취할 수 있음	
PKU	PKU Start	페틸케뇨증이 있는 환자의 식이관리에 적합한 식품으로 필수 아미노산, 탄수화물, 지방, 비타민, 미네랄, DHA, ARA를 함유한 아미노산 기반의 제품으로 유일한 영양공급원으로 사용하기 적합하지 않으므로 다른 식품과 함께 사용하는 것이 효과적인 제품	
TYR	TYR Gel	단백질 대사질환이 있는 환자의 식이관리를 위한 단백질 대체 제품으로 분말형식으로 이루어져 있음.	
Lipi	Lipi Start	지방산 산화질환, 지방 흡수 장애 및 MCT, LCT의 식이 요법 관리를 위한 의료용 식품으로 다른 식품의 섭취 없이 유일한 영양공급원으로 섭취가 가능한 제품	
Rena	Rena Start	소아 신장질환 환자를 위한 제품으로, 단백질, 아미노산, 탄수화물, 지방, 비타민, 미네랄 및 불포화 지방산을 함유하고 단백질, 칼슘, 칼륨, 인, 비타민A가 적게 들어간 분말형식의 의료용식품이며, 경구, 경관 형식으로 복용 가능함	

[표 52] Vitaflo 주요 제품

나. 국내기업

1) 대상라이프사이언스

대상라이프사이언스의 건강식품 브랜드인 대상라이프사이언스는 완전균형 영양식 브랜드인'뉴케어'로 특수의료용도등식품을 생산하고 있다. '뉴케어'는 지난 1995년 첫 출시 이후 균형영양식 전문브랜드로 자리 매김했다.

대상라이프사이언스는 마시는 용도의 일반영양식 제품, 특수 질환 환자나 경관급식 환자에 적합한 전문식 제품, 연하곤란 환자용 점도 증진 제품, 특정 영양소 보충용 제품, 수술 전후에 도움이 되는 탄수화물 보충 제품, 영양간식제품으로 나누어 제품을 생산하고 있다.

대표제품명	제품 설명	제품 이미지
뉴케어	간편한 식사대용 및 영양보충을 위한 환자용 식품으로 3대 영양소와 더불어 22종의 비타민과 미네랄이 함유되어 있음. 구수한 맛, 검은깨맛 등 다양한 맛을 제공하고 있으며 이소말토올리고당이 함유되어있음.	
마이밀	권장량 하루 2팩의 제품으로 2팩 섭취 시 하루 18g의 단백질을 섭취할 수 있는 제품으로 동·식물성 단백질의 균형을 5:5로 맞춘 제품임. 또한, 체내에서 합성되지 않는 필수 아미노산인 BCAA를 함유하고 있음	
클로렐라 플래티넘	나트륨과 인공 감미료, 인공 색소, 인공 착색료 등의 인공 첨가물을 첨가하지 않은 국내산 클로렐라 제품으로, 특허 받은 옥내 배양기술로 제조되었음	
메이크미	체중 조절용 식품으로 프로바이오틱스와 비타민 B군을 포함한 제품임. 한국인 대상 기능성원료인 돌외잎주정추출분말을 이용하여 제조되었음.	

[표 53] 대상라이프사이언스 주요 제품

2) 엠디웰

엠디웰(MDWell)은 매일유업과 대웅제약이 함께 설립한 의료영양전문회사로 건강식, 균형영양식 개발 및 영양정보를 제공하기 위해 노력하고 있다. 엠디웰은 일반영양식부터 특수영양식까지 다양한 종류의 특수의료용도등식품을 생산하고 있다.

대표제품명	제품 설명	제품 이미지
메디웰 RTH	정사적인 식사가 어려운 튜브급식 환자와 장기적인 영양 공급이 필요한 튜브급식 환자를 위한 제품으로 1회 사용량이 많은 300/400/500ml로 구성되어 있음.	
케토웰	저탄수화물고지방식으로 설계한 영양상태 개선을 위한 영양보충식으로 한번에 섭취하기 쉬운 125ml 용량의 제품이다. 담백하고 고소한 누룽지 맛이다.	
뉴트리웰 당뇨식팩	영양소를 균형 있게 제공받고 싶은 당뇨환자 혹은 고혈당 환자의 영양보충 또는 식사이용을 위한 당뇨환자용 식품. 단백질:지방:탄수화물(%) = 20:40:40 열량 구성비로 제조되었으며, 단일불포화지방산(MUFA), 파라티노스와 난소화성말토덱스트린을 사용함.	
메디웰 고단백 활력플러스	우유 3컵 만큼의 단백질(12g)과 함께 부족하기 쉬운 필수 비타민과 15종의 미네날이 첨가되어있는 제품	

[표 54] 엠디웰 주요 제품

3) 한국메디칼푸드

 한국메디칼푸드는 질환에 적합한 맞춤 영양 솔루션을 제공하는 임상영양 전문기업으로 환자뿐만 아니라 어르신, 소아를 위한 질환별 맞춤형 제품을 개발하고 있다. 주요 생산 제품 유형은 균형영양식, 경구영양보충식, 단일영양식, 점도증진제로 나누어 볼 수 있다.

대표제품명	제품 설명	제품 이미지
메디푸드	일반 환자용 균형영양조제식품으로 고농축 영양식, 당뇨식, 경관식, 고단백식 제품 라인업을 보유하고 있음.	
모노웰	장질환자용 단백가수분해 영양조제식품으로 100% 아미노산으로 구성되어있는 제품임. 유단백, 유당, 글루텐, 식이섬유가 함유되어 있지 않으며, 잔사가 적어 하부장관의 휴식 효과를 보장함.	
미니웰	고단백 농축균형 영양제품으로 1.33kcal/ml이라는 높은 열량밀도를 제공함. 1회 제공량 당 9g의 단백질이 함유되어 있으며, 수용성 식이섬유를 함유하고 있어 배변활동 향상 효과가 있음	
무스웰	떠먹을 수 있는 형태의 균형영양식으로 1회 제공량 당 130kcal의 열량을 보충할 수 있으며, 13가지 비타민과 무기질을 함유하고 있음.	

[표 55] 한국메디칼푸드 주요 제품

4) 정식품

 정식품은 1991년 환자용 특수영양식품인 ‘그린비아’를 출시했다. ‘그린비아’는 일반
식, 어린이, 당뇨, 고단백 등을 위한 전문식, 연하곤란 환자를 위한 점도증진제, 단일
영양식 뿐만 아니라 RTH(Ready To Hang)형태의 제품의 형태로 출시되고 있다.

대표제품명	제품 설명	제품 이미지
그린비아 일반영양식	씹기 어려워 일반 식사가 힘들거나, 소화기능이 약하신 분들을 위한 균형 영양식으로, 체내 흡수가 빠른 중쇄지방산을 함유하고 있음.	
그린비아 플러스케어 당뇨식	씹기 어려워 일반 식사가 힘들고, 당뇨가 있는 분들을 위한 전문영양식으로, 천천히 소화·흡수되는 팔라티노스를 사용했음.	
그린비아 화이바	장기간 경관급식중인 환자를 위한 식이섬유 함유 환자식으로, 장이 민감한 환자를 위해 4.3g의 식이섬유를 함유하고 있으며 타우린, 카르니틴, 콜린 또한 함유하고 있음.	
그린비아 연하솔루션	음식물을 삼키는데 어려움을 겪는 분들을 위한 제품으로, 자유로운 점도 조절이 가능한 전분계 점도 증진 제품임. 무미, 무취, 무색으로 다양한 식품에 첨가하여 섭취할 수 있음.	

[표 56] 정식품 주요 제품

06

메디푸드 관련 정책 및 제도 동향

6. 메디푸드 관련 정책 및 제도 동향

가. 해외 동향[19]

1) 미국

미국은 Medical Food를 FDA에서 관리하는 법률인 'Federal Food, Drug, and Cosmetic Act'에 의거하여 Medical Food를 관리하고 있다.[20]

1972년 이전에 Medical Food는 주로 유전성 대사 질환 환자를 관리하기 위해 사용되었다. Medical Food는 주로 한정된 환자를 위한 희귀 제품이었으며, 의료 감독 하에 사용을 보장하기 위해 의약품으로 간주되었다. 그러나 1972년에 FDA는 제품의 개발 및 가용성을 높이기 위해 의약품에서 뛰어난 식이요법을 위한 식품으로 Medical Food를 재분류하였다. 그 사이, Medical Food로 분류된 다양한 제품이 개발되었으며, 현재 시판된 Medical Food는 중환자 및 고령자 관리에 있어 생명 유지 양식으로 광범위하게 사용되고 있다.[21]

미국 내에서는 Medical Food에 대해 별도로 판매 전 검토나 등록절차가 없는 대신 제조시설 등록 및 감사프로그램, 식품라벨링(Labeling) 등을 통해 전반적으로 Medical Food를 관리하고 있다. FDA에서는 Medical Food를 위한 자율준수프로그램(Medical Foods Program-Import and Domestic)에 따라 제조과정을 감시하고 위생에 대한 검사를 실시하고 있다.

Medical Food의 제조시설, cGMP[22]준수여부, 영양성분 및 위생에 관련된 분석 등은 FDA산하 CFSAN(Center for Food Safety and Applied Nutrition)이 실시하는 정기적인 감사(Medical Food Compliance Program)를 통하여 별도로 관리된다.

Medical Food는 의약품이 아니며, 특별히 약물로 적용되는 규제요구사항이 적용되지 않으며 제품의 라벨 및 광고에"Use under medical supervision"문구를 포함시켜야 한다. Medical Food는 1990년 NLEA하의 건강강조표시와 영양소 함량 표시가 면제되었으며, Medical Food에 적용되는 표시요구사항은 다음과 같다.

---

19) 식품 R&D 이슈보고서 2 메디푸드 및 고령친화식품 동향 보고서
20) Frequently Asked Questions About Medical Foods, Food and Drug Administration, 2016.05
21) FDA'S Policy on Medical Foods, EAS CONSULTING GROUP, 2018.01.24
22) 미국 FDA가 인정하는 의약품 품질관리 기준

1. Medical Food는 식품이므로, 면제되는 특별한 요건을 제외하면 식품표시사항을 준수하여야 함
2. Medical Food의 표시는 정체성이 있는 명칭을 포함해야 함 (21 CFR 101.3)
3. 내용물의 실중량에 대한 정확한 표시를 해야 함 (21 CFR 101.105)
4. 제조업자, 포장업자, 유통업자의 이름 및 사업장소 표기 (21 CFR 101.5)
5. 일반적 혹은 통상적 이름의 내림차순으로 나열된 원재료명의 완전한 목록 (21 CFR 101.4)
6. Medical Food 표시에 Federal Food, Drug and Cosmetic Act에 의한 혹은 인증 하에 모든 단어, 진술, 다른 정보는 반드시 명확하고 뚜렷하게 나타내야 함
7. Medical Food의 표시는 영어로 되어있어야 하지만, 푸에르토리코 연방에만 단독 배포하거나, 영어 보다는 다른 언어를 우선적으로 사용하는 지역에서는 우선적 언어가 영어를 대신할 수 있음 (21 CFR 101.15(c)(1))
8. Medical Food는 주표시면 요구사항 (21 CFR 101.1), 정보표시면 요구사항 (21 CFR 101.2), 식품 요구사의 오기(Misbranding) 금지 요건 (21 CFR 101.18)을 준수하여 표기해야 함

[표 57] Medical Food의 표시(Labeling)요구사항

구분	내용
1941	FDA가 의료용식품을 특수식이요법용식품(FSDU)이라고 명칭함
1940s	심각한 질병을 가진 사람들을 위한 특별식품 개발
1950~1972	의료용식품(Medical foods)는 FDA에 의해 약으로 분류됨
1973	'Medical foods' 용어가 등장하고 FSDU와는 다른 유형의 환자들을 위해 사용됨
1988	'Medical foods'의 공식적인 정의가 만들어짐
1990	관련 법이 새로 개정됨에 따라 약물과 식품 보조제로부터 분리된 범주를 정의하면서, 현재 Medical foods에 대한 기준 수립

표 58 What is a medical food, Axona

2) 일본

일본의 메디푸드는 특별용도식품으로 볼 수 있으며 환자, 영유아, 노인 등 정상적인 식사가 어려운 사람들을 위한 특별한 목적의 식품을 의미함. 또한, 별도의 식품 유형이 아니라 건강증진법에 의거한 표시허가제도를 통하여 특별용도 식품을 관리하고 있다.

특별용도식품제도는 일본의 건강증진법 제26조의 규정에 따라, 내각부령에서 규정한 특별한 용도(유아용, 영아용, 임산부용, 병자용 등)에 적합하다는 표시를 하려면 소비자청 장관의 허가를 받아야 하는 제도다.

특별용도식품의 표시허가 등에 관한 내각부령에는 특별용도식품의 표시허가기준, 규격 및 관련사항에 대해서 규정하고 있으며, 특별용도식품으로 표시하기 위해서는 표시허가 신청서와 함께 식품 혹은 그 성분이 특정 질병에 기여하는 식사요법 상의 근거를 의학, 영양학적으로 나타내는 자료 등의 서류를 갖추어 소비자청의 표시허가를 받아 통과해야 한다.

특별용도식품의 허가제도는 일본 후생노동성이 관리하였으나, 2009년 9월 1일 부로 식품 표시등과 관련된 업무가 소비자청으로 이관되었다. 특별용도식품은 일본 소비자청(消費者庁)이 관리하며, 특별용도식품, 종합영양식품을 판매할 경우 반드시 소비자청의 표시 허가를 취득해야한다.

〈 특별용도식품 분류 〉

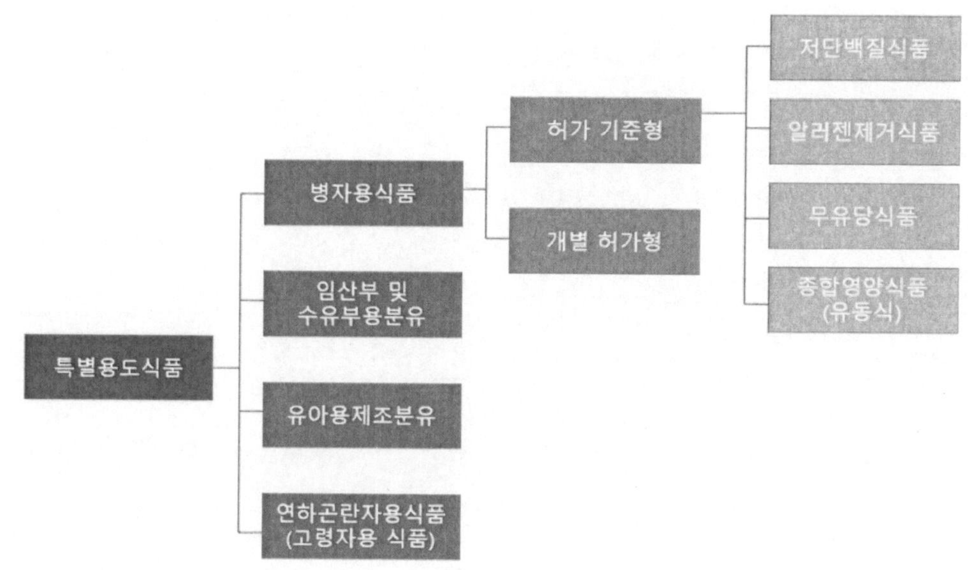

그림 91 일본 장수과학진흥재단

일본의 특별용도식품은 환자, 영유아, 노인 등 정상적인 식사를 먹을 수 없는 사람들을 위한 특별한 용도를 목적으로 한 식품이다. 특별용도식품의 종류는 '병자용식품', '임산부 및 수유부용 분유', '유아용 조제분유', '연하곤란자용 식품'으로 나누어진다.

 병자용식품 중 허가 기준형식품은 고혈압이나 신장질환을 앓고 있는 자를 위해 나트륨을 줄이거나 단백질 제한이 필요한 신장질환자를 위해 단백질을 저하시킨 저단백질식품, 알레르겐제거식품, 무유당식품, 종합영양식품(유동식)으로 구분할 수 있고 개별허가형식품의 경우 소비자청 산하의 식품표시과 전문가 그룹이 인증을 검토한다.

 연하곤란자용 식품은 고령자용 식품으로도 불리며, 단순한 저작 곤란자용 식품에 대해서는
특별용도식품의 허가의 대상에서 제외되고, 대상이 고령자에 한하지 않고 여러 가지 질병에 의한 장애가 있는 사람도 연하곤란자용 식품의 대상이 된다.
 연하곤란자의 유형세분화를 위해 물성 정도에 따라 식이의 단계를 구분하여 병원, 시설, 의료기관 등에서 공통으로 사용될 수 있는 기준으로 연하식 피라미드(Dysphagia Diets Pyramid: 嚥下食ピラミッド)를 개발하였다.
 식품을 연하개시 음식(레벨 0)부터 일반식(레벨 5)으로 총 6단계로 구분하고 있으며, 뇌졸중 등으로 인한 연하장애 환자의 경우, 레벨0부터 시작하여 레벨 5로 단계적으로 훈련을 하도록 하고 있다.

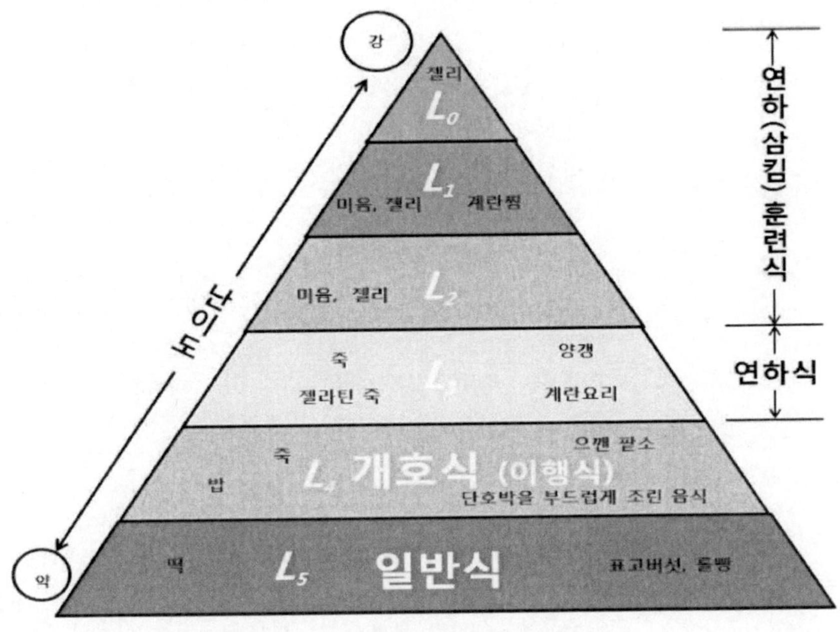

그림 92 연하식 피라미드의 분류, 한국건강증진개발원
① Level 0: 개시식으로 후두를 통과하는 식이로 응집성, 경도가 균일한 젤리 등이 가능하며 작은 양을 그 상태로 삼킬 수 있도록 제공

② Level 1: 연하식으로 끈적임이 적은 젤라틴 중심의 식이로 미음, 계란찜 등이 가능
③ Level 2: 연하식으로 부착성과 점성이 약간 있는 식이로 미음, 젤리 등이 가능
④ Level 3: 연하식으로 불균질한 퓨레 형태의 식이로 죽, 양갱, 계란요리 등이 가능
⑤ Level 4: 개호식으로 바삭하지 않고 부드러운 식이로 형태가 있지만 많이 씹지 않아도 삼키기 쉬운 음식으로 죽, 단호박을 부드럽게 조린 음식 등이 가능
⑥ Level 5: 일반식으로 일반적인 식이로 떡, 롤빵 등이 가능

3) 유럽

유럽연합(EU)에서의 특수의료용도등식품은 특정의료용도식품(Foods for Special Medical Purposes(FSMPs))으로 볼 수 있으며, Regulation(EU) No 609/2013 of the European the parliament and of the council의 지침에 따라 정의되고 있다.

연도	지침	내용
1977	Directive 77/94	특정 영양 사용을 위한 식품(Food for particular nutritional uses)의 개념 도입
1989	Directive 89/398	유아용 조제분유, Follow-up 우유, 유아식, 체중조절을 위한 저에너지 및 에너지 감소 식품, 특수 의료 목적의 식품, 저나트륨 식품, 글루텐프리 식품, 근력보충제, 탄수화물 대사질환(당뇨병) 환자를 위한 식품에 대한 규정 추가
1999	Directive 99/41	Directive 89/398의 목록 축소 (유아용 조제분유, 유아 및 소아용 곡물 가공 식품, 체중 감소를 위한 에너지 제한 식품, 특수한 의료 목적을 위한 다이어트 식품, 근력보충제)
2009	Directive 2009/39	새롭게 변경된 지침이 공개되었으나, 2011년에 유럽집행위원회가 4개의 주요 범주로 규제를 제안하는 구조 단순화를 제안하여 2013년, Regulation No 609/2013로 채택함
2016	Regulation No 609/2013	'Dietery', 'Dietetic'의 개념을 없애고 4개의 주요 범주(유아용 및 성장기용 식품, 가공된 곡물 기반 제품, 특별용도식품(Food for Special Medical Purposes), 체중조절용 식품)를 통제하는 체계를 확립함
2019	Regulation (EU) 2016/128	특정 질병, 장애 또는 건강 상태로 고통받는 사람을 위한 식품의 영양 구성 및 라벨링 표시에 대한 지침인 Directive 99/21/EC를 대체할 FSMPs에 대한 영양 구성 및 라벨링을 수정하였으며, 2015년 9월 25일 채택되어 2019년 2월 22일부터 적용함

[표 59] 유럽 특별용도식품(FSMPs)의 정립

유럽연합에서는 1999년에, 2000년 4월 30일까지 회원국에서 관련 법령을 개정하도록 하는 환자용 식품지침을 제정하였고, 특정 영양용도를 위한 식품에 대한 지침 이후 영유아, 특정의료용도식품에 대한 일반 규칙(Regulation(EU) No 609/2013)을 제정했다.

Regulation(EU) No 609/2013은 환자용 영양식품의 시장 출시와 관련된 사항(placing on the market), 배합의 기본 원칙 및 정보 요구(General Compositional and information requirements), 첨가물(Union list) 등에 대해 규정하고 있다.

특정영양사용을 위한 식품에 대한 지침(Directive 2009/39/EC of the European Parliament and of the Council on foodstuffs intended for particular nutritional uses)에서는 (a)소화, 대사 능력이 제한된 소비자군이나 (b)식품의 특정 물질들을 섭취함으로써 건강상의 혜택을 얻을 수 있는 생리학적인 이유가 있는 소비자군이나 (c)건강한 영아나 유
아에 해당되는 식품에 대해 세부규정이 적용되어야 한다.

세부규정은 제품의 구성이나 특성에 따른 필수요건, 원재료의 질(quality)에 관한 규정, 위생요건, 식품의 허용된 변형, 첨가물 목록, 표시/광고에 대한 세부규정, 세부규정의 요구사항에 맞는 지 여부를 검토하기 위한 분석법이나 검사법으로 나타난다.

구분	적용 범위
식사대용 일반 영양식	환자가 본 식품만을 섭취하였을 때 영양적인 요구량을 충족할 수 있는 식품임
영양성분이 개조된 식사대용 질환별 영양식	환자가 본 식품만을 섭취하였을 때 영양적인 요구량을 충족할 수 있는 식품임
부분영양 보충식	환자가 본 식품만을 섭취하였을 때 영양적인 요구량을 충족하지 못하는 식품임

표 60 Commission Directive 1999/21/EC

특정의료용도 식품에 대한 지침(Commission Directive 1999/21/EC on dietary foods for special medical purposes)에 의하면 특별용도 식품을 식사대용 일반 영양식, 영양성분이 개조된 식사대용 질환별 영양식, 부분영양 보충식으로 분류할 수 있다.

1. 식품의 성분은 섭취 대상자(Person for whom it is intended)의 영양 요구량을 만족해야 함
2. 식품의 섭취대상자의 건강을 위협하는 물질을 사용해서는 아니된다. 만약 나노물질로 가공된 물질인 경우에는 적절한 실험방법이 사용되었다는 것을 제시해야함
3. 일반적인 과학적 상식에 근거한 물질을 특정용도식품에 사용하였을 경우, 이는 반드시 인체에 생물학적으로 이용 가능해야함
4. 제품을 시장에 출시할 때는 Regulation 257/97에 근거, 시장에서 사용될 수 있는 기준을 충족한다는 내용을 제공해야 함
5. 특정용도식품을 표시, 광고할 때에는 식품의 적절한 용도를 표기하되, 식품의 특성이 질환의 처치나 치료, 예방 등과 같은 특성을 지닌다고 유도해서는 안 됨

[표 61] 특정용도식품의 일반 원칙

관리기관은 유럽집행위원회(European Commision)로 유럽연합의 전략 및 정책 수립, 법 제정, 예산 기획, 국제 관계 등의 업무를 수행하는 기관으로 특수의료용식품(FSMPs)의 성분, 라벨링, 조건 등을 규정하고 있다.

또한 유럽집행위원회와 유럽의회(European Parliament)의 지침을 수행하는 유럽식품안전국(EFSA)이 특수의료용식품에 대한 과학적 자문과 모니터링을 실시하고 있다.

특정용도식품은 일반식품 의무 표기사항, 영양표시, 중요표시, 추가의무 표시의 네 가지의 의무표시 사항을 지켜야 한다.

특정용도식품의 의무표시 사항	
일반식품 의무 표기사항	제품명, 원재료목록, 원재료의 양이나 원재료 분류, 식품의 실중량, 최소 품질유지기간, 보관방법, 영업자명, 영업자 주소, 식품의 원산지 표시, 사용설명문, 제공부피당 알코올의 도수, 영양정보
영양표시	열량, 총지방, 포화지방, 탄수화물, 당, 단백질 그리고 염분 함량을 의무적으로 표시 해야함
중요표시	1. 의료진 관리하에 사용되어야한다는 점을 명시 2. 식품이 영양소의 유일한 공급원으로 사용 가능여부에 대한 언급 3. 특정 연령층을 위해 제조되었다면 언급 4. 질병, 증상, 의학적 상태를 가지지 않은 사람이 이 식품을 섭취하였을 때 나타날 수 있는 건강상의 위험과 같은 경고문구 제시
추가의무표시	1. 제품은'○○○의 영양적 관리를 위하여'라는 문구룰 사용하고 ○○○에는 제품 개발의 목적인 질병이나 장애, 의학적 상태를 표기함 2. 적절한 주의사항, 부작용 등에 대한 언급 3. 특정 영양소를 추가, 감소 또는 제거하여 변화되는 식품의 영양적 특성에 대해 기술 4. 정맥, 경관용 표시

[표 62] 특정용도식품의 의무표시 사항

나. 국내 동향

1) 독립된 식품군 분류
· 2020년 11월 26일 특수의료용도식품(메디푸드)을 독립된 식품군으로 분류

- 밀키트 형태의 식단형 식사관리식품 허용 및 고령친화식품 중 액상제품에 점도규격(1,500 mpa·s 이상*) 신설
- 특수의료용도식품을 표준형, 맞춤형, 식단형 제품으로 재분류하고, 종전의 환자용식품은 당뇨·신장질환·장질환 등 질환별로 세분화

식품의약품안전처고시 제 2020-114호 개정고시를 통하여 개편된 분류체계는 환자를 대상으로 하는 식품 시장 확대에 대응하여 중분류인 특수의료용도식품을 대분류로 확대하고 하위에 표준형 영양조제식품, 맞춤형 영양조제식품, 식단형 식사관리식품 등 3개의 중분류와 11개의 식품유형으로 세분화하였다.

구분	표준형 영양조제식품	맞춤형 영양조제식품	식단형 식사관리식품
형태	액상, 페이스트, 분말 (바로 마시거나, 물에 타서 마시는 형태)		가정간편식 형태의 제품 (도시락, 밀키트)
대상	식품유형으로 지정된 4개 질환 및 균형영양, 열량공급	특정 영양요구가 있는 모든 질환대상 제조 가능	식품유형으로 지정된 질환 (당뇨, 신장질환)
영양기준	식약처가 정한 표준기준	제조자 자율 설정(실증)	식약처가 정한 표준 기준
예시			질환맞춤 밀키트

특수의료용도제품 중 표준형, 맞춤형, 식단형 제품 특징 비교 (특수의료용도식품 분류개편 관련 Q&A식품의약품안전처)

특수의료용도식품	
11-1 표준형 영양조제식품	(1) 일반 환자용 균형영양조제식품
	(2) 당뇨환자용 영양조제식품
	(3) 신장질환자용 영양조제식품
	(4) 장질환자용 단백가수분해 영양조제식품
	(5) 열량 및 영양공급용 식품
	(6) 연하곤란자용 점도조절 식품
11-2 맞춤형 영양조제식품 (신설)	(1) 당뇨환자용 식단형 식품
	(2) 신장질환자용 식단형 식품

2) 2020년 5대 식품분야 집중 육성을 목표 식품산업 활력제고 대책 발표

 - 제도 정비 및 규제 개선, 연구개발 지원 등을 포함한 분야별 대책과 함께, 전문인력 양성, 민간투자 확대 등 산업 육성을 위한 인프라 구축 방안 제시

5대 유망식품 시장 육성방안 - 메디푸드		
주요정책과제	추진일정	소관부처
가. 메디푸드		
① 메디푸드 분류체계 개편	'20	식약
② 메디푸드 제조업체 지원	'20~	농식품, 해수, 농진청, 한식연

3) HACCP

HACCP(Hazard Analysis Critical Control Point)이란 식품의 원료관리 및 제조, 가공, 조리, 소분, 유통의 모든 과정에서 위해한 물질이 식품에 섞이거나 오염되는 것을 방지하기 위하여 각 과정의 위해 요소를 확인 평가하여 중점적으로 관리하는 제도로 위해요소분석(Hazard Analysis)과 중요관리점(Critical Control Point)의 영문 약자로 해썹 또는 식품안전관리인증기준이라고 한다.

적용 분야 및 대상으로는 축산물과 식품 분야로 나뉘는데, 특수의료용도등식품은 식품 HACCP 분야에 포함되어 관리되고 있다.

[그림 110] HACCP 마크

4) 식품 표시기준

「식품위생법[23]」제10조(표시기준)제1항에 의하면 식품의약품안전처장은 국민보건을 위하여 필요하면 판매를 목적으로 하는 식품 또는 식품첨가물, 동법 제9조(기구 및 용기·포장에 관한 기준 및 규격)에 따라 기준과 규격이 정하여진 기구 및 용기·포장의 표시에 관한 기준을 정하여 고시할 수 있다.

특수의료용도등식품의 표시사항[24]은 ① 제품명, ② 식품유형, ③ 업소명 및 소재지,

---

23) 식품위생법, 2017.12.19. 일부개정

④ 유통기한, ⑤ 내용량 및 내용량에 해당하는 열량, ⑥ 원재료명, ⑦ 영양성분 및 1회 섭취참고량, 용기·포장 재질, 품목보고번호, 성분명 및 함량(해당 경우에 한함), 보관방법(해당 경우에 한함), 주의사항, 알레르기 유발물질(해당 경우에 한함), 방사선조사(해당 경우에 한함), 유전자변형식품(해당 경우에 한함), 기타표시사항이다.

기타표시사항 중 특수의료용도등식품은 제품특성별 권장섭취량 및 섭취 방법을 표시하여야 하고, 치료효과 등을 표시해서는 안된다. 또한, "의사의 지시에 따라 사용하여야 합니다"등을 표시하여야 하고, "OO(질병명, 장애 등)환자의 영양조절을 위한 식품"으로 표시할 수 있다.

구분	표시사항		
1	제품명		
2	식품유형		
3	업소명 및 소재지		
4	유통기한		
5	내용량 및 내용량에 해당하는 열량(단, 열량은 내용량 뒤에 괄호로 표시)		
6	원재료명		
7	영양성분 및 1회 섭취참고량		
8	용기·포장 재질		
9	품목보고번호		
10	성분명 및 함량(해당 경우에 한함)		
11	보관방법(해당 경우에 한함)		
12	주의사항 : 부정·불량식품신고표시, 알레르기 유발물질(해당 경우에 한함), 기타(해당 경우에 한함)		
13	알레르기 유발물질(해당 경우에 한함)		
14	방사선조사(해당 경우에 한함)		
15	유전자변형식품(해당 경우에 한함)		
16	기타 표시 사항	공통사항	- 법 제7조에 따라 식품의 기준 및 규격에서 정한 영양성분은 "영양성분의 표시방법"에 따라 표시하여야 한다. 이 경우 1일 영양성분 기준치가 설정되어 있지 아니한 영양성분과 영아용 조제식, 성장기용 조제식 및 특수의료용도등식품 중 영·유아(0~36개월) 대상 제품은 영양성분의 명칭과 함량만을 표시할 수 있다(특수용도식품 공통사항)

---

24) 식품등의 표시기준, 식품의약품안전처고시 제2018-32호, 2018.4.26. 일부개정 (시행 2020.1.1.)

		- 성분명을 제품명으로 사용하여서는 아니 된다(특수의료용도등 식품, 체중조절용 조제식품, 임산·수유부용식품 제외)
	영아용 조제식	영아에게 먹이는 양과 방법을 표시하여야 한다.
	성장기용 조제식	생후 6개월 이후의 영·유아에게 먹이는 양과 방법을 표시하여야 한다.

[표 70] 특수의료용도등식품 표시사항

구분		표시사항
16 기타 표시 사항	영·유아용 곡류 조제식	이유기의 영·유아에게 먹이는 양과 방법을 표시하여야 한다.
	기타 영·유아식	이유기의 영·유아에게 먹이는 양과 방법을 표시하여야 한다.
	특수의료용 도등 식품	- 제품특성별 권장섭취량 및 섭취방법을 표시하여야 한다. - 치료효과 등을 표시하여서는 아니 된다. - "의사의 지시에 따라 사용하여야 합니다"등을 표시하여야 한다. -"○○(질병명, 장애 등)환자의 영양조절을 위한 식품"으로 표시할 수 있다. (질병명 허용) 환자가 질병에 맞는 '환자용식품'을 선택할 수 있도록 질병명, 장애 표시 허용(식품위생법 시행규칙 개정(`17.1.4)) ① `oo(질병명, 장애 등) 환자의 영양조절을 위한 식품'으로 표시·광고 가능(식품등의 표시기준 개정(`16.12.22)) ② 질병명, 장애명을 구체적으로 표시하여야 하며, 소비자가 일반식품 또는 건강기능식품으로 오인·혼동되게 표시·광고하여서는 안됨 ③ '의사의 지시에 따라 사용하여야 합니다'등 「식품등의 표시 기준」의 표시사항 의무 표시 필요
	체중조절용 조제식품	권장섭취량 및 섭취방법을 표시하여야 한다.
	임산· 수유부용 식품	권장섭취량 및 섭취방법을 표시하여야 한다.

[표 71] 특수의료용도등식품 표시사항

5) 특수의료용도등식품의 표시·광고 심의[25]

특수용도식품의 표시·광고심의를 통한 올바른 정보제공으로 소비자를 보호하고, 영업자는 객관적인 표시·광고를 할 수 있도록 하여 식품산업의 활력을 제고하기 위한 목적으로 한국식품산업협회에서 심의를 하고 있다.

---

25) 한국식품산업협회(www.kfia.or.kr)

심의대상은 2018년 7월 19일부터 자율심의로 변경되었으며, 특수용도식품에 포함되는 영유아용 식품(영아용 조제식품, 성장기용 조제식품, 영유아용 곡류조제식품, 기타 영유아식품), 특수의료용도등식품(환자용 식품, 선천성 대사질환환자용식품, 유단백 알레르기 영유아용 조제식품, 영유아용 특수조제식품), 체중조절용조제식품, 임산수유부용식품이 있다.

심의 광고매체는 방송매체로 텔레비전, 라디오, 데이터방송(케이블, 홈쇼핑), 이동멀티미디어(DMB)가 있고, 인쇄매체로는 인쇄물, 신문, 간행물, 옥외광고물, 인터넷광고가 있다.

심의 관련 법규 및 규정은 식품의약품안전처「특수용도식품 사전심의 운영 방안 알림」(식품안전표시인증과-10957호, 2018.7.19.)과 특수용도식품 표시 및 광고 자율심의 기준 및 운영지침(2018.7.19.)이 있다.

행정처분은 2018년 7월 19일부터 변경되었는데, 제재조치(2018.7.19.)로 광고심의와 관련된 단속은 중단하고, 관련 규정 위반으로 적발되어 행정처분 절차가 진행 중인 사안은 그 절차를 중단한다. (① 2018.6.28.이전 행정처분이 확정되었고 처분도 완료된 경우 별도 조치 없음, ② 2018.6.28. 이전 행정처분 확정되어 처분기간 중에 있는 경우 변경 처분 또는 처분철회, ③ 2018.6.28. 이후 행정처분 확정 및 처분한 경우 직권철회) 또한 기존 사전심의제 운영에서 자율심의로 변경됨(2018.7.19.)

[그림 111] 표시·광고자율심의필

현행	개선
영유아식특수용도식품, 건강기능식품 표시광고에 대한 사전심의제 운영	**< 자율심의제도 신설 >** - 영업자가 자율적으로 표시·광고 심의기구를 설립·운영할 수 있는 근거 마련 * 정부가 심의에 일체 관여하지 않는 자율적 심의기구 설립·운영 지원 **< 표시·광고 내용 실증제 도입 >** - 표시·광고한 자에게 그 내용의 진위여부에 대한 입증 의무 부과 * 식약처장이 실증 자료를 요청하는 하는 경우 15일 이내에 입증 자료를 제출하여야 함

[표 72] 특수용도식품 표시 및 광고 심의기준 변경

6) 식품이력추적관리 등록 대상[26]

'식품이력추적관리 제도'란 식품을 제조·가공단계부터 판매단계까지 각 단계별로 정보를 기록·관리하여 그 식품을 추적하여 원인을 규명하고 필요한 조치를 할 수 있도록 관리하는 제도를 말한다.

기록·관리되는 정보는 국내식품의 경우 식품이력추적관리번호, 제조업소 명칭 및 소재지, 제조일자, 유통기한 또는 품질유지기한, 제품 원재료 관련 정보, 기능성 내용, 출고일자, 회수대상 여부 및 회수 사유다.[27]

2018년 6월 28일 개정된 식품위생법 시행규칙에 따르면 영아용 조제식 등 일부 품목만 식품이력추적관리 의무대상이었던 것이 '임신·수유부용 식품', '특수의료용도등식품', '체중조절용 조제식품'까지 확대되었다. 다만, 영유아식 제조·가공업자, 임산·수유부용 식품, 특수의료용도등 식품 및 체중조절용 제조식품 제조·가공업자 등 식품유형별 및 매출액에 따라 단계적으로 의무 도입한다.

---

26) 식품위생법, 식품위생법 시행규칙
27) 식품이력관리시스템(www.tfood.go.kr)

조건	도입일
임산·수유부용 식품, 특수의료용도 등 식품 및 체중조절용 조제식품의 식품유형별 2016년 매출액이 50억 원 이상인 제조·가공업자	2019년 12월 1일
임산·수유부용 식품, 특수의료용도 등 식품 및 체중조절용 조제식품의 식품유형별 2016년 매출액이 10억 원 이상 50억 원 미만인 제조·가공업자	2020년 12월 1일
임산·수유부용 식품, 특수의료용도 등 식품 및 체중조절용 조제식품의 식품유형별 2016년 매출액이 1억 원 이상 10억 원 미만인 제조·가공업자	2021년 12월 1일
임산·수유부용 식품, 특수의료용도 등 식품 및 체중조절용 조제식품의 식품유형별 2016년 매출액이 1억 원 미만인 제조·가공업자 및 2017년 이후 영 제26조의2제1항에 따라 영업등록을 한 임산·수유부용 식품, 특수의료용도 등 식품, 체중조절용 조제식품 제조·가공업자	2022년 12월 1일

[표 73] 식품 이력추적관리 의무 도입일

영양성분 함량에 민감한 만성질환자가 신경 쓰지 않고 식사할 수 있도록 '식단형 식사관리 식품' 유형을 신설하고, 환자용 식품의 유형을 질환별(당뇨·신장질환·장질환 등)로 세분화하는 내용 등으로 「식품의 기준 및 규격」을 개정·시행함. 암 환자용 식품 유형 신설을 위해 표준 제조기준 및 영양규격 신설에 대한 연구사업을 진행 중이며, 고혈압 환자에 대한 식품유형 신설도 추진중이다.

- 노인 중 39.3%는 영양관리주의, 19.5%는 영양관리개선 필요('17, 보건사회연구원), 70세이상 남성 40%, 여성 50%가 에너지 부족섭취('19, 국민건강영양조사)로 조사되어 다양한 형태의 고령친화제품 개발이 필요하다.
- 고령자를 위한 식품 개발과 시장 활성화를 위해 고령자의 섭취, 영양보충, 소화/흡수 등을 돕기 위해 제조 가공하고 고령자의 사용성을 높인 제품을 우수식품으로 지정하는 고령친화우수식품 지정제도가 고시되었다.
- 고령자에 부족하기 쉬운 영양성분과 에너지를 편리하게 보충할 수 있도록 고령자용 영양조제식품의 유형과 기준·규격을 신설하여 고령친화식품 선택의 폭을 넓히고, 맞춤형 특수식품 시장 활성화에 도움을 줄 것으로 기대된다.
- 2022년 12월 1일부터는 특수용도식품을 제조하는 모든 식품 제조·가공업체와 수입·판매업체에 식품 이력추적관리 제도를 적용하여 품질 및 안전관리를 강화할 예정이다.
- 다양한 식단형 식사관리식품은 임상 영양학적 근거하에 제조된 가정간편식 형태의 환자식으로써 간편한 식사관리가 가능해지며, 고령자의 건강 특성을 반영한 고령친화

식품의 제도 개선으로 환자 및 고령자의 영양 및 건강 증진에 기여할 것으로 기대된다.

7) 식단형 식사관리 식품 제조 기준 고시 (2020.11.26.)

- 특수의료용도식품(메디푸드)을 독립된 식품군으로 분류
- 밀키트 형태의 식단형 식사관리식품 허용
- 고령친화식품 중 액상제품에 점도규격 신설
- 특수의료용도식품을 독립된 식품군으로 분리하고 표준형, 맞춤형, 식단형 제품으로 재분류하였으며, 종전의 환자용식품은 당뇨·신장질환·장질환 등 질환별로 세분화하여, 시장 변화에 대한 신속한 대응과 질환별 맞춤형 제품관리가 용이하도록 함
- 식품을 가려서 섭취해야하는 등 영양관리가 중요한 만성질환자가 영양성분 섭취량에 대한 걱정 없이 가정에서 간편하게 준비하여 식사할 수 있도록 하는 당뇨환자와 신장질환자를 위한 식품 기준을 신설
- 고령친화식품 중 액상식품에 대해서는 무리없이 삼킬 수 있도록 적절한 점도규격 (1,500 mpa·s 이상*)마련

2020.11 이전	2020.11 분류개편 이후	2021.11 개정
10. 특수용도식품 　10-1 조제유류 　10-2 영아용조제식 　10-3 성장기용조제식 　10-4 영·유아용 이유식 **10-5 특수의료용도등식** 　(1) 환자용식품 　(2) 선천성대사질환자용식품 　(3) 유단백알레르기 영·유아용 조제식품 　(4) 영·유아용 특수조제식품 　10-6 체중조절용 조제식품 　10-7 임산·수유부용 식품	**10. 특수영양식품** 　10-1 조제유류 　10-2 영아용조제식 　10-3 성장기용조제식 　10-4 영·유아용 이유식 　10-5 체중조절용 조제식품 　10-6 임신·수유부용 식품 **11. 특수의료용도식품** **11-1 표준형 영양조제식품** 　(1) 일반 환자용 균형영양조제식품 　(2) 당뇨환자용 영양조제식품 　(3) 신장질환자용 영양조제식품 　(4) 장질환자용 단백가수분해 영양조제식품 　(5) 열량 및 영양공급용 식품 　(6) 연하곤란자용 점도조절 식품 **11-2 맞춤형 영양조제식품** 　(1) 선천성대사질환자용조제식품 　(2) 영·유아용 특수조제식품 　(3) 기타환자용 영양조제식품 **11-3 식단형 식사관리식품 (신설)** 　(1) 당뇨환자용 식단형 식품 　(2) 신장질환자용 식단형 식품	**10. 특수영양식품** 　10-1 조제유류 　10-2 영아용조제식 　10-3 성장기용조제식 　10-4 영·유아용 이유식 　10-5 체중조절용 조제식품 　10-6 임신·수유부용 식품 **10-7 고령자용 영양조제식품 (신설)** **11. 특수의료용도식품** **11-1 표준형 영양조제식품** 　(1) 일반 환자용 균형영양조제식품 　(2) 당뇨환자용 영양조제식품 　(3) 신장질환자용 영양조제식품 　(4) 장질환자용 단백가수분해 영양조제식품 　**(5) 암환자용 영양조제식품 (신설)** 　(6) 열량 및 영양공급용 식품 　(7) 연하곤란자용 점도조절 식품 **11-2 맞춤형 영양조제식품** 　(1) 선천성대사질환자용조제식품 　(2) 영·유아용 특수조제식품 　(3) 기타환자용 영양조제식품 **11-3 식단형 식사관리식품** 　(1) 당뇨환자용 식단형 식품 　(2) 신장질환자용 식단형 식품 　**(3) 암환자용 식단형 식품 (신설)**

8) 암환자용 영양조제식품 제조 기준 고시 (제2021-572호, 2021.11.30.)

- 현재 환자용식품은 일부 질환에 대해서만 표준제조기준을 제공하고 있어 소비자에게 다양한 질환 대상 제품 제공에 한계가 있어 암환자용 영양조제식품과 암환자용 식단형식품의 식품유형과 제조·가공기준이 신설됨
- 특히 암환자의 식사관리 편의 증진 및 다양한 질환 맞춤 특수의료용도식품 산업 활성화
- 암환자의 치료 회복 과정 중 체력의 유지 보충, 신속한 회복에 도움을 줄 수 있도록 암환자용 특수의료용도식품의 표준제조기준을 신설. 고열량(1kcal/ml 이상), 고단백(총열량의 18%이상), 지방 유래열량(15~35%), 포화지방 제한(총열량의 7% 이하), 오메가-3 지방산 함유, 비타민 무기질등 미량영양소 12종 균형 배합 등이 설정됨

[암환자용 특수의료용도식품 기준 규격]

< 암환자용 영양조제식품>

항목	기준	항목	기준
단백질 유래열량	18% 이상	단위 열량	1.0 kcal/mL 이상
지방 유래열량	15~35%	DHA+EPA	250 mg이상
포화지방 유래열량	7% 이하	미량영양소 12종	일반환자용과 동일

< 암환자용 식단형 식품>

항목	기준	항목	기준
단백질 유래열량	18% 이상	포화지방 유래열량	7% 이하
지방 유래열량	15~35%	한 끼 나트륨 함량	1,350 mg이하

07

고령친화식품

7. 고령친화식품

가. 고령친화식품 개요[28]

1) 고령친화식품의 정의

고령친화식품이란, 고령자의 식품 섭취나 소화 등을 돕기 위해 식품의 물성을 조절하거나, 소화에 용이한 성분이나 형태가 되도록 처리하거나 영양성분을 조정하여 제조·가공한 식품을 말한다.

한국보건산업진흥원에서는 2011년 고령친화산업 실태조사 및 산업분석 연구를 통해 고령친화 식품산업의 범위를 일반식품, 특수용도식품, 건강기능식품산업으로 설정했다. 고령친화식품은 일상식으로써 고령자의 신체적 특성을 고려한 물성과 영양을 갖춘 제품을 포함하는 일반식품, 일반식품 중에 정상적으로 섭취, 소화, 흡수 또는 대사할 수 있는 능력이 제한되거나 손상된 노인들을 위하여 특별히 제조 가공된 특수의료용도식품, 고령자의 신체 건강 유지를 위해 섭취하는 건강기능식품을 포함한다. 이후 2014년에는 65세 이상 고령자를 대상으로 고령친화제품 중 식품에 대한 수요 조사 결과를 바탕으로 두부류 또는 묵류와 전통/발효식품을 전략품목으로 추가했다.

고령친화식품은 그 정의와 유형에 관한 명확한 정의가 내려진 것이 비교적 최근이기 때문에 그 동안 연구자에 따라 서로 상이하게 정의와 범위를 제시했다.

---

28) 2020 가공식품 세분시장 현황 -고령친화식품, 한국농수산식품유통공사, 2020

출처	고령친화식품 정의	유형/범위
고령친화식품산업 활성화 지원방안 (2011.12)	섭취가 용이하며 충분한 식사량을 제공하는 제품이면서 저영양 상태의 고령 소비자 영양 상태 개선을 위한 영양 강화 제품	-일반식품 1) 당뇨환자용제품 2) 선천성 대사질환자용 식품 3) 신장질환자용 식품 4) 연하곤란환자용 점도 증진식품 5) 환자용 균형영양식 6) 식용유지류 7) 즉석섭취식품 8) 캔디류 -건강기능식품 1) 단백질 보충 2)식이섬유 보충 3) 덱스트린
산업연관분석을 이용한 고령친화식품 산업에 관한 연구(2012.02)	고령자의 신체/생리적 특성을 고려, 질병예방 및 치료, 노화억제 및 영양과 건강상태 유지에 도움을 주도록 특별히 고안된 식품	고령자의 신체/생리적 특성을 고려, 질병예방 및 치료, 노화억제 및 영양과 건강상태 유지에 도움을 주도록 특별히 고안된 식품

[표 74] 고령친화식품 정의 및 유형/범위

출처	고령친화식품 정의	유형/범위
고령친화식품의 정보제공 개선(2013.09)	섭취기능 및 대사기능 저하, 영양성분 부족 등 일반 고령 소비자의 신체적 특징을 반영, 다양한 기호를 충족시킬 수 있는 식품	- 일반식품: 1) 특수의료용도식품 2) 즉석섭취식품 3) 캔디류 4) 식용유지류 - 건강기능식품: 1) 단백질 보충 2) 식이섬유 보충 3) 덱스트린
고령친화식품 관련법제도 개선방안(2016.05)	명확한 정의가 없음	명확한 규격이 없음
고령친화식품의 관능, 기호도 및 이화학적 특성 연구(2017.02)	섭취 및 대사기능 저하, 영양소 결핍 등 일반적인 고령자의 신체적 특징과 더불어 다양한 기호 등을 고려한 식품	칼슘, 비타민A, riboflavin 등이 풍부한 급원식품, 후/미각 기능의 저하, 치아질환 등을 겪는 노인의 기호에 맞는 향과 맛, 형태를 지닌 식품
식품의약품안전처에서 발표한 「식품의 기준 및 규격 일부 개정고시」(2018.11)	고령자의 식품 섭취나 소화 등을 돕기 위해 식품의 물성을 조절, 소화에 용이한 성분이나 형태가 되도록 처리하거나, 영양성분을 조정하여 제조·가공한 식품	건강기능식품, 특수용도식품, 두부류 및 묵류, 전통·발효식품, 인삼·홍삼제품

[표 75] 고령친화식품 정의 및 유형/범위

2) 고령친화식품 성장 배경

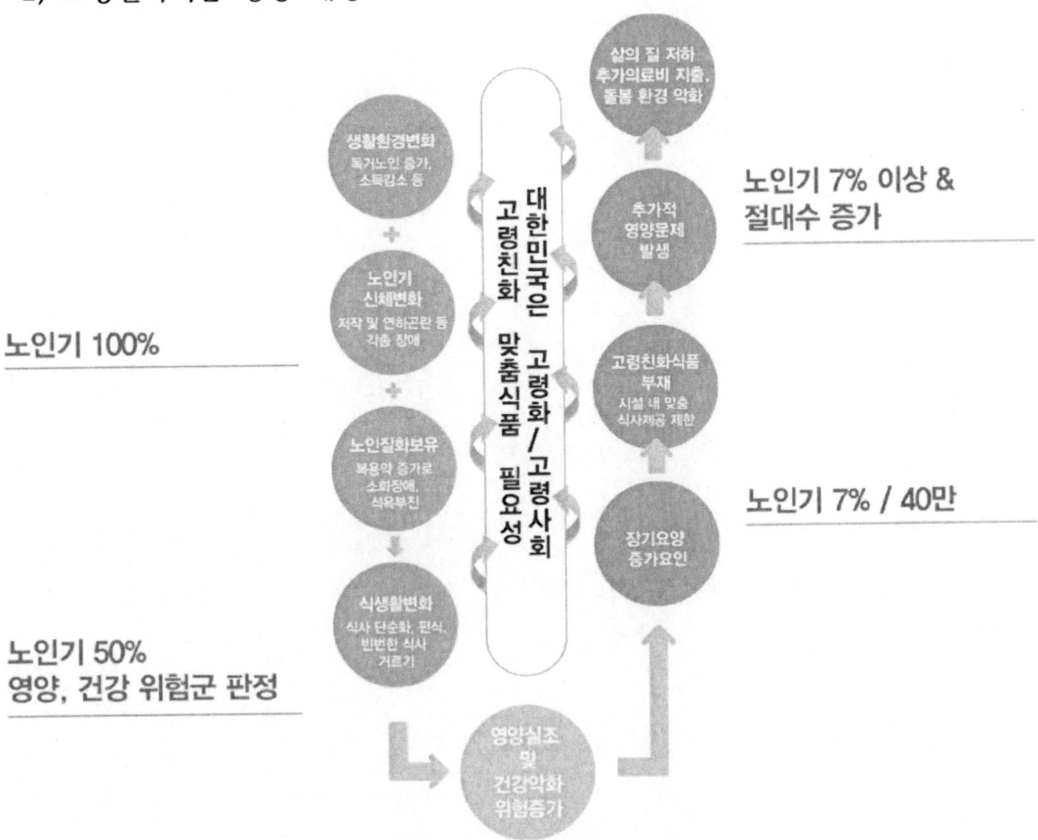

그림 115 영양돌봄을 위한 한국형 노인맞춤 신선편이식 개발 및 이동급식사업 모델 구축, 서울특별시, 서울특별시 사회적경제지원센터

가) 고령자의 소득 및 지출 구조 변화

국내 전체 가구주의 월평균 소득은 2016년 기준 약 443만원으로 나타났으며, 60세 이상 가구주는 약 298만원으로 나타났다. 60세 이상 고령 가구주 소득 및 전 연령대의 가구주 소득은 계속해서 증가하고 있지만, 60세 이상 가구주 소득은 평균의 약 67% 수준에 미치는 것으로 확인되었다.

가구주 연령	2015년	2016년	2017년	2018년	2019년	2020년	2021년	2022년
전체 평균	4,405	4,427	4,525	4,751	4,896	5,028	5,164	5,303
39세 이하	4,344	4,453	4,713	4,867	5,030	5,216	5,409	5,609
40~49 세	4,977	5,022	5,131	5,351	5,489	5,626	5,766	5,910
50~59 세	5,104	5,184	5,373	5,679	5,745	5,917	6,094	6,277
60세 이상	3,054	2,976	2,989	3,278	3,552	3,686	3,826	3,971

[표 76] 가구 소득 구조 (단위: 천 원)

60세 이상 고령 가구의 소비지출 항목에서 가장 높은 비중을 차지하고 있는 것은 '식료품·비주류음료'로 나타났으며, 2012년부터 2020년까지 '식료품·비주류 음료' 항목의 비중은 큰 변화 없이 약 20%로 비슷한 수준을 유지하는 것으로 파악되었다.

가계수지항목별	2015년	2016년	2017년	2018년	2019년	2020년
소비지출 전체	1,736 (100%)	1,670 (100%)	1,811 (100%)	1,860 (100%)	1,659 (100%)	1,639 (100%)
식료품 · 비주류음료	330 (19.0%)	324 (19.4%)	377 (20.8%)	389 (20.9%)	324 (19.5%)	322 (19.4%)
주류 · 담배	25 (1.4%)	27 (1.6%)	25 (1.4%)	24 (1.3%)	25 (1.5%)	25 (1.5%)
의류 · 신발	99 (5.7%)	93 (5.6%)	97 (5.4%)	97 (5.2%)	75 (4.5%)	70 (4.2%)
주거 · 수도 · 광열	243 (14.0%)	240 (14.4%)	236 (13.0%)	241 (13.0%)	227 (13.7%)	223 (13.6%)
보건	190 (10.9%)	186 (11.1%)	204 (4.9%)	220 (11.9%)	230 (13.9%)	241 (14.7%)
교통	222 (12.8%)	175 (10.5%)	218 (12.0%)	220 (11.8%)	172 (10.4%)	161 (9.8%)

[표 77] 가구 소득 구조 (단위: 천 원)

가계수지항목별	2015년	2016년	2017년	2018년	2019년	2020년
소비지출 전체	1,736 (100%)	1,670 (100%)	1,811 (100%)	1,860 (100%)	1,659 (100%)	1,640 (100%)
가정용품 · 가사서비스	78 (4.5%)	77 (4.6%)	82 (12.0%)	90 (4.8%)	89 (5.3%)	89 (5.4%)
통신	91 (5.2%)	91 (5.4%)	90 (4.9%)	89 (4.8%)	75 (4.5%)	71 (4.3%)
오락 · 문화	89 (5.1%)	89 (5.3%)	105 (5.8%)	119 (6.4%)	106 (6.4%)	110 (6.7%)
교육	27 (1.6%)	26 (1.6%)	34 (1.9%)	31 (1.7%)	16 (1.0%)	14 (0.8%)
음식 · 숙박	194 (11.2%)	203 (12.2%)	201 (11.1%)	201 (10.8%)	181 (10.9%)	177 (10.7%)
기타상품 · 서비스	146 (8.4%)	140 (8.4%)	143 (7.9%)	138 (7.4%)	140 (8.4%)	139 (8.5%)

[표 78] 가구 소득 구조 (단위: 천 원)

나) 고령자 인구의 저작 불편 호소율 추이

고령자 인구(65세 이상)의 저작 불편 호소율은 2008년~2009년 50%를 초과했고, 2010년 이후 완만하게 감소하는 추세로 전환되었지만 2020년 고령자 인구의 33%가 여전히 입 안의 문제로 음식물 등을 씹는 데 불편함을 느끼고 있다.

저작능력이 떨어지는 주된 이유는 구강질환 때문이며, 구강질환은 노화로 인한 구강 내 기능 저하와 전신질환에 따른 복용 약물 증가 등으로 발생한다. 그 중 '구강건조 증'은 저작에 불편함을 초래하는 대표적인 구강질환이고 이는 고령자 인구에서 약 30% 정도 발병한다.

고령자 인구의 저작 불편 호소율은 연령이 증가할수록 치아 손실 진행과 잔존 치아 개수의 감소로 증가하는 것으로 나타났다.

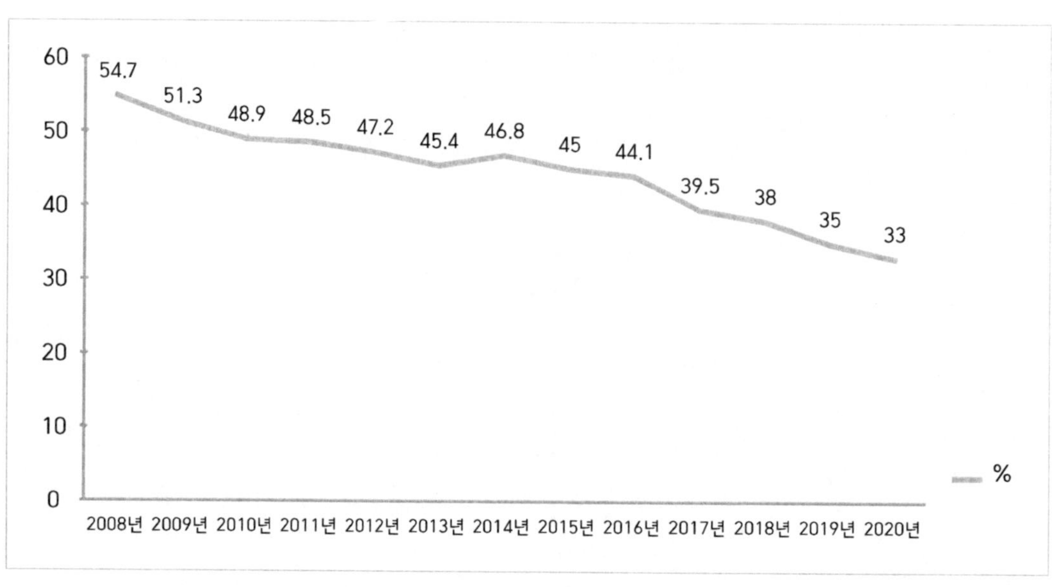

다) 삼킴장애 유병률

한국의 65세 이상 노인의 삼킴 장애 유병율은 33.7%로 노인 3명당 1명은 삼킴장애를 가진 것으로 나타나는데 이러한 이유는 노화가 진행됨에 따라 삼킴에 관계된 근력 저하, 삼킴 조절 능력 감소, 치아 소실로 인한 저작기능 약화 때문이며, 이외에도 타액의 성상 변화로 인한 구강 건조, 점막의 감각 및 미각의 감소 등으로 정상 노화 과정 노인들에게서 빈번히 발생하는 것으로 알려져 있다.

삼킴 장애란 음식물을 삼키기 어렵거나 먹은 것이 기도로 잘못 들어가는 것을 의미하며 크게 '구강인두 삼킴 장애'와 '식도 삼킴 장애'로 구분한다. '구강인두 삼킴 장애'는 주로 신경근육질환과 구강인두종양 환자에서 발생하고 '식도 삼킴 장애'는 종양 등으로 막혀서 발생하는 기계적 원인이나 운동성이 떨어지는 기능적인 저하가 가장 일반적이며 일부 염증성 근병증의 경우 발생한다.

삼킴장애 환자들은 주로 뇌졸중 등의 뇌손상 환자나 파킨슨병, 치매와 같은 퇴행성 질환, 신경질환 등을 앓고 있는 경우가 흔함. 또한, 목 구강 부위의 수술 혹은 방사선 치료 후에 발생하기도 함. 하지만, 반드시 특정 질환이 있는 것은 아니고 노인의 경우에는 특별한 질병 없이도 나타날 수 있다.

삼킴장애의 위험 요소는 성별과 밀접한 관계가 있으며 그 이유는 남성이 여성보다 나이에 따른 절대 근력의 감소폭이 더 크고 뇌의 구조적, 기능적 측면에서도 차이가 존재하기 때문이다.

노인 남성의 유병률은 39.5%로 노인 여성(28.4%)보다 높으며, 남성은 뇌졸중 병력이 있거나 우울증이 있으면 각각 2.7배, 3배 발생 위험이 높아지며 또한 치매 전 단계인 경도인지장애가 있는 노인은 3.8배 증가하지만, 남성 경도인지장애인 경우에는 5.8배까지 증가했다.

나. 고령친화식품 관련 기준 및 인증 제도[29)]

2018
고령친화식품 기준 및
규격 신설

2019
5대 식품분야 식품산업
활력제고 대책 발표

2020
특수의료용도식품
(메디푸드) 식품군 독립

〈 맞춤형 특수식품 (메디푸드·고령친화식품) 시장 육성방안 〉

5대 유망식품 시장 육성방안 - 고령친화식품		
주요정책과제	추진일정	소관부처
나. 고령친화식품		
① 고령친화식품 기준정비	'20	농식품, 복지
② 고령친화식품 R&D 지원	'20 ~	농식품, 해수, 한식연
③ 공공체계를 활용한 고령친화식품 제공방안 검토	'21	농식품, 복지

· 2018년 7월 25일 고령친화식품의 기준 및 규격이 신설되었다.
 - 원료 준비단계 소독·세척 기준 등 신설 및 대장균군(살균제품) 및 대장균(비살균제품) 규격 마련

1) 국내 고령자용 식품 허가기준

국내에서는 1990년대 초반부터 개발되었으며 구성은 의약품계와 식품계로 나누어지고 구성간에 영양학적 차이는 없지만 허가유형에 따라 식품과 의약품으로 구분되고 있다.

① 의학적·영양학적(소화, 흡수 등)에 있어 고령자가 섭취하기에 적당한 식품에있는 것
② 특별용도를 나타내는 표시가 고령자용 식품으로 적격인 것
③ 사용방법이 간편한 것
④ 품질이 통상의 식품에 뒤떨어지지 않는 것
⑤ 영양소요량이 정해져있는 영양성분 등에 대해서 그 식품의 한 끼분에 함유되는 것 (해당 영양성분이 생활 활동 강도 즉, 60~64세의 남성 영양소요량의 50%이하인 것)

---

29) 2020 가공식품 세분시장 현황 –고령친화식품, 한국농수산식품유통공사, 2020

제1. 총칙 용어의 풀이	"고령친화식품"이란 고령자의 식품 섭취나 소화 등을 돕기 위해 식품의 물성을 조절하거나, 소화에 용이한 성분이나 형태가 되도록 처리하거나, 영양성분을 조정하여 제조.가공한 식품을 말한다
제2. 식품일반에 대한 공통 기준 및 규격 제조·가공기준	식품일반에 대한 공통기준 및 규격 2. 제조·가공기준 24) 고령친화식품은 다음에 적합하게 제조.가공하여야 한다. 1. (1) 고령자의 섭취, 소화, 흡수, 대사, 배설 등의 능력을 고 려하여 제조·가공하여야 한다. 2. (2) 미생물로 인한 위해가 발생하지 아니하도록 과일류 및 채소류는 100 ppm 차아염소산 나트륨을 함유한 물에 10분 침지 또는 이와 동등 이상의 방법으로 소독 후 깨끗한 물로 충분히 세척하여 사용하여야 하고 육류, 식용란 또는 동물성수산물을 원료로 사용하는 경우 충분히 익도록 가열하여야 한다. 3. (3) 제품 100 g 당 단백질, 비타민 A, C, D, 리보플라빈, 나이아신, 칼슘, 칼륨, 식이섬유 중 3개 이상의 영양성분을 제8. 일반시험법 12. 부표 12.10 한국인 영양섭취기준(권장 섭취량 또는 충분섭취량)의 10% 이상이 되도록 원료식품을 조합하거나 영양성분을 첨가하여야 한다. 4. (4) 고령자가 섭취하기 용이하도록 경도 500,000 N/m2 이하로 제조하여야 한다.
제2. 식품일반에 대한 공통 기준 및 규격 식품일반의 기준 및 규격	3. 식품일반의 기준 및 규격 4) 위생지표균 및 식중독균 (1) 위생지표균 다. 고령친화식품 ① 대장균군 : n=5, c=0, m=0(살균제품) ② 대장균 : n=5, c=0, m=0(비살균제품)

표 79 식품의약품안전처고시 제 2020-114호

2) 고령친화식품 인증 제도

 2020년 2월, 산업표준화법 시행령 제24조 규정에 따라 고령친화식품(표준명)은 KS H 4897(표준번호)로 한국산업표준(KS) 인증대상 품목에 지정되었다. 2017년 제정된 기존 고령친화식품 표준은 생산업체가 자율적으로 따를 수 있는 지침서의 역할을 하는 기준이었으나, 제3자가 품질을 보증하는 인증제로 전환되었다. 이에 따라 국가가 보증하는 고령친화식품 인증제도는 제품의 검사, 공장 심사, 사후관리 등을 포함하여 전반적으로 보다 강화된 품질 보증체계가 되었다. 고령친화식품의 종류 및 등급은 3단계로 나뉘며 품질기준은 다음과 같다.

구분	기준		
	1단계	2단계	4단계
	치아 섭취	잇몸 섭취	혀로 섭취
성상	고유의 색택과 향미를 가지고 이미, 이취 및 이물이 없어야 함		
경도(N/m2)	500,000 이하 ~ 50,000초과	50,000 이하 ~ 20,000초과	20,000 이하
점도(mPa·s)	-	-	1,500 이상

[표 80] 고령친화식품의 품질기준

KS 인증을 받은 고령친화식품은 심볼마크 및 단계 구분에 따른 마크 표기가 가능해졌으며 각 마크 이미지는 다음과 같다.

고령친화식품 심볼마크	고령친화식품 단계 구분 마크
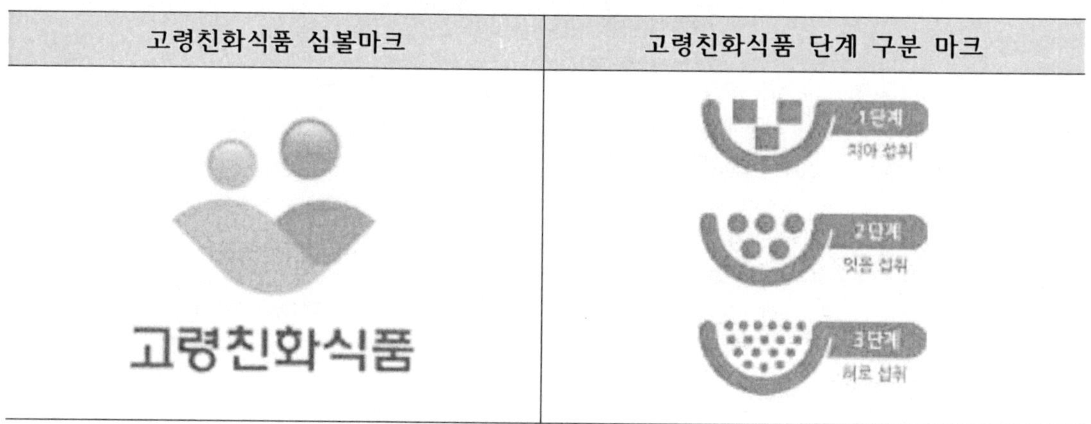	

[표 81] 고령친화식품 마크

3) 고령친화식품 관련 규정

고령친화식품에 관한 규정은 식품공전 이외에 농림축산식품부에서 운영하는 인증제도가 있다. 고령친화식품 한국산업표준(KS)을 인증제로 전환해 기준·규격 등을 구체화했다. 이 중 우수한 고령친화식품을 심사해 지정하는 고령친화우수식품 지정제도가 있다.

농림축산식품부와 해양수산부는 고령자를 위한 식품개발과 시장 활성화 등을 위해 지난해 3월 '고령친화산업진흥법' 시행령을 개정해 고령친화제품의 범위에 식품을 추가했다. 이어 우수식품 지정 대상 품목 고시 제정 등 제도적 기반을 마련하고, 2022년 3월 15일 한국식품산업클러스터진흥원을 고령친화산업지원센터로 지정한 바 있다.

고령친화우수식품 지정제도란 고령자의 섭취, 영양보충, 소화·흡수 등을 돕기 위해 물성, 형태, 성분 등을 조정해 제조·가공하고 고령자의 사용성을 높인 제품을 우수식품으로 지정하는 제도로서 2021년 5월 31일부터 시행됐다.

고령친화우수식품으로 지정되기 위해서는 식품안전관리인증기준(HACCP) 적용 또는 건강기능식품 품목제조 신고를 완료한 업체에서 생산돼야 한다.

또한 △고령친화식품 한국산업표준(KS)에서 정한 품질기준 △물성·영양성분 등을 조정하기 위한 적절한 제조공정 △삼킴 시 크기·흡착위험 등에 대한 섭취 안전성 △안전하고 쉽게 개봉할 수 있는 포장 형태 △쉽게 읽고 이해할 수 있는 표시 디자인 등의 기준을 충족해야 한다.

고령친화산업지원센터는 2022년도에 최초 8개 기업 27개 제품을 우수식품으로 지정했으며, 올 1분기 12개 제품이 추가돼 39개 제품을 우수식품으로 지정했다. 이 중 지난달 푸드머스의 '입 마를땐 촉촉한' 제품이 지정취소 돼 현재 우수식품은 총 38개다.

이번 지정이 취소된 제품의 경우 고령친화우수식품 기준을 충족하고는 있으나 기능성분을 표기하다 보니 기타가공품(식약처 고시)으로 유형이 변경, 적용됐다. 이는 식약처 식품별 기준 및 규격의 24개 유형 중 기타식품류(그 중 기타가공품은 제외)에 해당돼 지정취소라는 불가피한 조치가 취해졌다.

식품업체가 고령친화우수식품 지정을 받으면 식품진흥원이 개발한 3단계의 규격단계가 표시된 'S마크'를 붙일 수 있다. 물성(경도·점도) 특성에 따라 치아섭취, 잇몸섭취, 혀로섭취로 구분돼 고령자는 자신의 건강상태에 따라 제품을 선택할 수 있게 된다.

센터는 2022년부터 연 4회로 지정심사를 확대하여 많은 식품기업들이 우수식품 지정을 받을 수 있도록 지정신청 및 심사기준에 대한 컨설팅을 추진 중이며, 기업설명회 개최 등을 통해 지정제도의 정보도 제공하고 있다.

또한 물성과 영양성분 측정을 위한 공인시험분석 및 사용성평가 비용지원 등 우수식품 지정신청에 필요한 다양한 지원을 맞춤형으로 제공하고 있어 지정제도에 참여하는 기업이 늘고 있다. 다양한 품목의 우수식품을 확보해 실증사업 식단에 지속적으로 추가시킬 계획도 밝혔다.

다. 고령친화식품 시장 동향[30][31][32][33]
1) 해외 동향

2022년 기준 글로벌 고령친화식품 시장은 약 148억 달러 규모인 것으로 조사되었으며, 연평균 약 3.84%의 성장률을 보이며 2028년 약 2000만 달러 규모에 이를 것으로 전망된다.

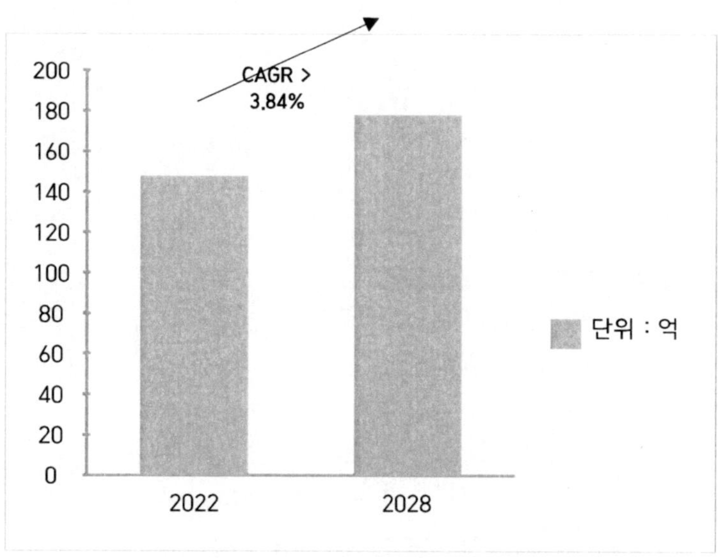

그림 121 글로벌 고령친화식품 시장 규모 (단위:억 달러)

세계보건기구(WHO: World Health Organization)에 따르면 2050년이면 전 세계적으로 60세 이상 인구가 20억명을 넘어설 것으로 예상된다. 그 결과 고령친화식품에 대한 수요는 더욱 증가하여 고령친화식품 시장은 향후 지속적으로 증가할 것으로 예상된다.

특히 아시아 태평양 지역의 고령화 인구 증가에 의해 주로 주도될 것으로 예상되며, 일본은 65세 이상 인구가 약 27%로 가장 높은 순위를 차지했다. 이탈리아, 포르투갈, 독일, 핀란드, 불가리아 또한 인구의 약 5분의 1이 60세 이상인 상위 6개국에 속한다.

가) 미국

미국에서 고령자용 식품은 Federal Food, Drug and Cosmetic Act의 Section 21

---

30) aTFIS와 함께 읽는 식품시장 뉴스레터, 고령친화식품 , 2020
31) 2021 해외 우수 식품특허 트렌드북I, 농업기술실용화재단, 2021
32) "초고령사회 성큼…한국형 고령친화식품 판 키운다" / 전업농신문
33) 식품 R&D 이슈보고서 2 메디푸드 및 고령친화식품 동향 보고서

에 '특수용도식품(food for special dietary uses)'으로 관리하고 있으며 고령친화식품을 별도로 규정하지 않고 우리나라의 특수의료용도식품과 유사한 개념의 의료용 식품(Medical foods)의 범주에 포함시켰다.

미국의 Medical foods는 고령자뿐만 아니라 질환과 회복기, 임신, 수유, 음식에 대한 알레르기 과민 반응, 저체중 및 과체중 등의 육체적, 생리적, 병리학적 혹은 기타 조건을 이유로 필요한 특별한 식이를 공급하기 위함과 유아나 아동기를 포함하여 나이 때문에 필요한 특별한 식이를 공급하기 위해 사용되는 식품으로 정의되어있다.

미국 FDA에서는 노인들의 현명한 식품선택을 돕고자 영양표시의 이용에 관한 가이드라인을 제시하였다.

〈 미국 고령자용 식품 가이드 및 매뉴얼 〉

Food Safety for Older Adults and People with Cancer, Diabetes, HIV/AIDS, Organ Transplants, and Autoimmune Diseases Informational Booklet

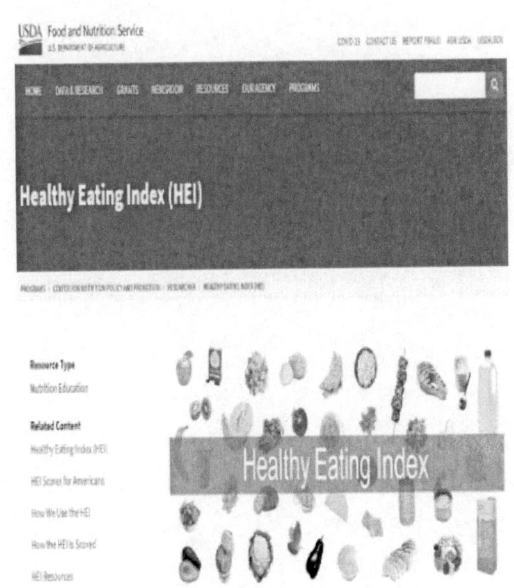

USDA Healthy Eating Index (HEI)

그림 123 미국 고령자용 식품 가이드 및 매뉴얼

미국 FDA와 USDA가 공동으로 개발한 노인 건강을 위한 식품안전 매뉴얼은 식품 구매, 조리, 식사 과정에서 안전하고 건강한 식생활을 위한 지침을 제공하며 구성 내용은 식품구매 환경의 변화, 식품 위험인자에 노출되는 요인, 식중독, 가정에서의 안전한 조리, 특별한 주의를 요하는 음식들, 외식과 배달음식의 취급요령 등이다.

USDA의 Center for Nutrition Policy and Promotion은 Healthy Eating

Index(HEI)를 제시하여 노인들의 올바른 식생활을 위한 지침에 관한 정보를 제공한다.

 미국에서 고령층의 소비는 전체의 30%를 차지하고 있으며, 바이오 기술이 적용된 의료제품이나 서비스, 재생의학 등 의료, 건강관리와 관련된 첨단 제품 및 서비스에 대한 수요가 높다. 고령화가 초래할 가장 주요한 국가적 어려움을 고령화로 인한 건강 비용의 증가로 보고, 건강 수명의 연장과 관련된 다양한 정책을 추진 중임. 의료 및 건강관리 산업 외에도 요양 및 돌봄 산업 분야에서도 정부의 지원 및 민간 영역에서 다양한 돌봄 서비스 시스템을 마련하고 있다.

 베이비부머 세대의 고령화 진입에 따라 의료 및 건강관리 분야의 수요가 확대되는 것에 대응하여 국가 차원에서 건강 및 의료 분야의 첨단기술 개발을 지원하고 있다.

나) 일본

 일본의 고령인구(65세 이상) 비율은 2020년 9월 기준 총 인구 대비 비율 28.7%이고, 2030년에는 약 31.2%에 이를 것으로 전망된다. 또한, 일본의 65세 이상 고령자 중 간병 대상자가 차지하는 비율은 2015년 18.3%에서 2035년 24.0%로 증가할 것으로 전망된다.

 고령자의 증가와 더불어 간병을 요하는 고령자, 특히 재택 간병자의 증가로 인해 고령친화식품 시장이 성장하고 있고, 이로 인한 수요의 증가로 식품 제조사들의 고령친화식품 시장 진입이 늘어나고 있다. 연하식 및 저작곤란자식은 병원 및 고령자케어시설 등에서 일반 가정으로 그 서비스 대상이 확대되고 있으며, 재택 고령자를 타겟으로 한 가정배달식 서비스는 시장의 신규 비즈니스 모델로 확산되고 있다.

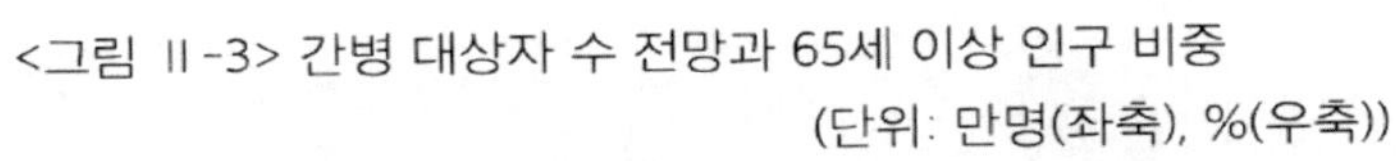

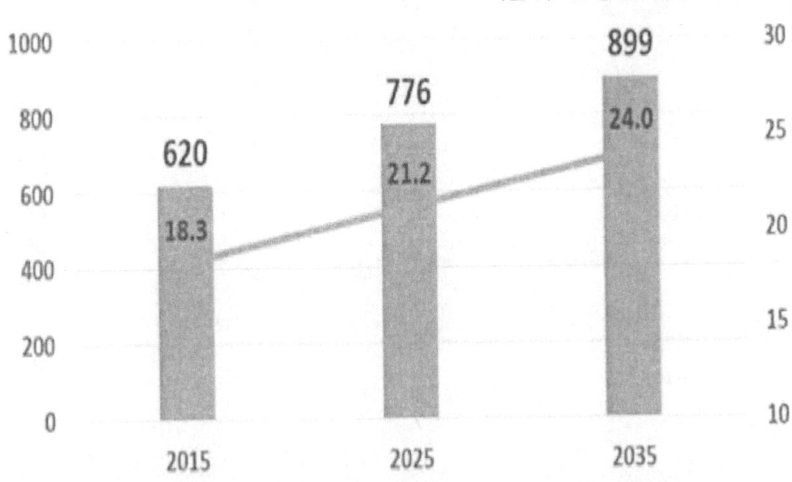

* 출처: 후생노동성 사회보장심의회, 국립사회보장인구문제연구소

인구의 고령화가 빠르게 진전됨에 따라 개호(간병) 대상자가 빠르게 늘어나 사회적 문제로 대두되었고 2010년대 이후로 일본의 고령친화식품 관련 정책은 농림수산성에서 실시하고 있음 과거 일본에서 고령친화식품은 주로 요개호자를 위한 '개호식품'(또는 '개호식')으로 지칭되었다. 개호식품은 본래 병원, 요양시설 등에서 제공하는 급식 및 간식, 조리식품 등을 지칭하는 말이었으나, 농림수산성에서는 개호식품의 종류로 저작·연하곤란자용 부드러운 식품(통상의 식사를 부드럽게 가공한 식품), 점도조절식품, 종합영양식품(농후유동식), 수분보급젤리, 음료 등을 제시하였다.

개호식품이라는 표현은 부정적으로 받아들이기 때문에 부드러운식이나 소프트식으로 표현하거나, 기업의 자체브랜드로서 '야사시콘다테 (몸에좋은식단)'. '쇼 쿠 지 와 타노시 (식사는 즐거워)', '야와라카쇼쿠(부드러운식)', '야와라카구락부(부드러운클럽)' 등의 이름이 사용된다.

개호식품의 기준제정 및 인지도 향상 대책은 민간 주도로 시작되었지만, 2013년 2월 농림수산성이 <향후의 개호식품을 둘러싼 논점 정리 모임>을 발족시켜, 동년 7월까지 5차에 걸친 논의를 거듭한 끝에 <향후의 개호식품을 둘러싼 논점>으로 정리하였다.

현재 일본내 개호식은 '일본개호식협회'에서 기준 및 규격을 정하고, 협회에 가입한 식품회사들이 제조한 식품에 UDF(유니버셜 디자인 푸드) 로고를 표시할 수 있도록 했다. 일본 개호식협회의 규격에 따라 1~4단계의 기준을 정하여 개발된 제품에 각각 표시를 하고 있다.

구분	容易に かめる	歯ぐきで つぶせる	舌で つぶせる	かまなくて よい
삼키는 힘 예	보통	음식에 따라 삼키기 어려움	때때로 물 및 차를 삼키기 어려움	물 및 차를 삼키기 어려움
경도 (硬度) 예 — 밥	밥~부드러운 밥	부드러운 밥~죽	죽	미음
경도 (硬度) 예 — 조리 예 (밥)				

그림 125 유니버셜 디자인 푸드 규격(일부)

단계	1단계: 쉽게 씹을 수 있음	2단계: 잇몸으로 으깰 수 있음	3단계: 혀로 으깰 수 있음	4단계: 씹지 않아도 됨
씹는 힘 기준	단단하거나 크기가 큰 것은 조금 먹기 힘듦	단단하거나 크기가 큰 것은 먹기 힘듦	부드럽고 잘게 자른 것은 먹을 수 있음	고형물은 잘게 자른 것도 먹기 힘듦
목넘김 기준	모든 음식을 잘 넘길 수 있음	음식에 따라 삼키기 힘든 경우도 있음	물과 차를 넘기기 힘든 경우가 있음	물과 차를 넘기는 것이 힘듦
음식 경도 — 밥	밥 - 부드러운 밥	부드러운 밥 - 죽	죽	미음
음식 경도 — 생선	구운생선	삶은생선	생선 으깬 것	흰살 생선을 채로 거른 것
음식 경도 — 계란	두꺼운 계란말이	다시를 넣은 계란말이	스크럼블 에그	건더기 없는 계란찜
물성 규격 — 경도 상한치 (N/m2)	5×10^5	5×10^4	졸: 1×10^4 겔: 2×10^4	졸: 3×10^3 겔: 5×10^3
물성 규격 — 점도 하한치 (mPa·s)			졸: 1500	졸: 1500

그림 126 유니버셜 디자인 푸드 규격

최근 일본의 고령자친화형 식품에는 '개호식품'외에 저작·연하 기능의 저하가 우려되거나 저영양이 우려되는 고령자 등을 대상으로 한 예방적 개호식품(개호예방식품)이나 '균형 식품(balance food)'도 포함되기 시작했다. 2014년 일본은 신개호식품 제도인 '스마일케어식' 제도를 시작했다. 이러한 일반 고령자를 위한 개호예방 식품이나 균형 식품도 포함할 수 있도록 표시 기준을 제정하였으며, 개호식에 연하식, 저작곤란자식, 부드러운 음식(유동식)을 포함하고 '고령자식'으로 액티브시니어를 대상으로 한 예방적 식품 등을 포함하였다. 일부 지역에서는 민간업체가 지방자치단체의 복지사업과 연계하여 도시락 등 조리식품 배달 시 고령자 안부를 확인하는 서비스를 실시 중이다.

고령친화식품에 있어 선진국인 일본은 UDF(Universal Design Food)라는 민간단체에서 제도를 운영함으로써 고령친화식품 개발이 이어져 오고 있다. 이미 2000년대 초반부터 개호(곁에서 돌봐주는 의미)보험제도를 실시해 식비 중 고령친화식품을 구입할 경우 일정부분을 국가에서 지원해주고 있다.

일본 대표 개호식품 업체로는 큐피와 메이지가 있다. 큐피는 고형물 섭취가 불편한 소비자들을 위한 제품으로 믹서에 갈아 만든 닭죽과 삼키기 편리한 우동 등이 대표적이다. 메이지의 경우 단백질, 비타민, 미네랄 등의 영양분을 효율적으로 섭취할 수 있도록 음료 형태 상품을 개호식품으로 선보이고 있다.

 일본의 경우 지방자치단체가 지역 내 거주하는 고령자들의 도시락 신청을 받은 후 관련 정보를 거주하는 자택에서 반경 2km 내에 있는 개호식품 배달업체에 전달해 도시락을 배달해주는 서비스를 운용하고 있다.

〈 스마일케어식의 분류 〉

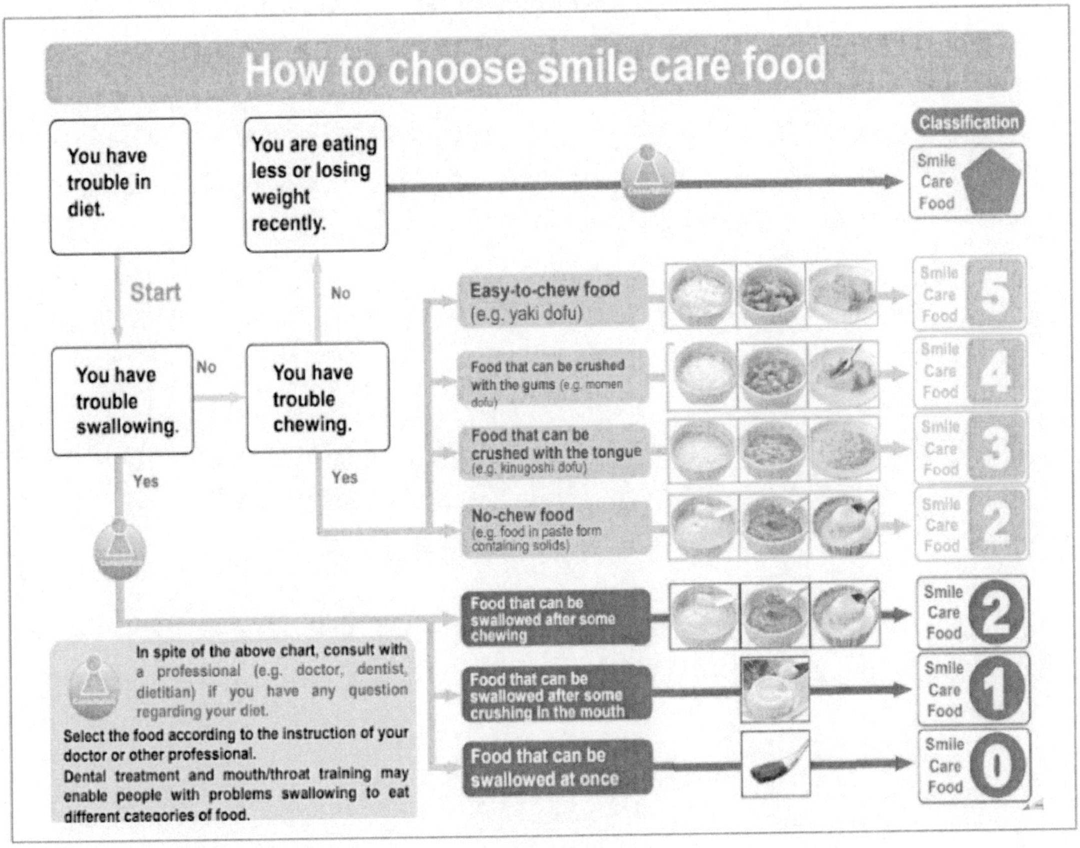

그림 127 일본 농림수산성

〈 스마일케어식의 마크 분류 기준 〉

파란색 마크	노란색 마크	빨간색 마크
씹거나 삼키는 것에 문제는 없으나, 건강 유지를 위해 영양보충이 필요한 사람을 위한 식품	씹는 것에 문제가 있는 사람을 위한 식품	삼키는 것에 문제가 있는 사람을 위한 식품

그림 128 일본 농림수산성

다) 중국

중국은 일본을 넘어 세계 2대 건강보조식품 시장으로 언급될 정도로 고령식품시장에 관심이 높다. 슈퍼마켓 등에서 즉시 구매할 수 있는 노인 식품에는 중노년, 노년 등의 단어 사용 및 고칼슘, 고단백질, 저지방 등의 단어를 삽입해 눈에 잘 띄게 패키지를 차별화했다.

중국의 고령친화시장을 보면 고령친화식품, 의류, 가전 등 일상생활을 지원하기 위한 제품의 시장 성장이 두드러진다. 2021년 중국 인구의 18.7%가 60세 이상으로 예상되며, 이러한 고령층의 건강한 식습관에 대한 수요가 높아지고 있다.

판매 중인 노인식품은 물에 타서 섭취하는 분말형태 제품이 주를 이루고 두유, 참깨죽 등 기타 분말제품도 판매되고 있다.

최근 디지털 고령친화식품 시장에서 디지털 마케팅이 중요한 역할을 하고 있다. 스마트폰이나 인터넷을 통해 정보를 수집하고 제품을 구매하는 고령층이 늘어나고 있기 때문이다. 또한 최근 수출시장에서도 큰 성장세를 보이고 있다.

한편, 중국 정부는 2050년 고령층 인구가 4억 명에 달할 것으로 보고 '건강중국 2030 계획요강'을 발표하고 2030년 헬스케어시장 규모를 16조 위안(약 3000조원)으로 추산했다.

라) 독일

독일은 이미 1980년대부터 고령친화식품이 구매 가능한 형태로 판매되기 시작했으며, 식품산업을 통해 냉동식품 형태의 완전조리급식이나 전처리 및 반조리된 식재료가 보급되고, 이들을 이용하여 지역사회 중심으로 장기요양시설 급식이나 재가노인 이동급식의 문제를 적극적으로 해결해 오고 있다.

독일의 고령친화식품 관련 정책의 핵심은 국가 주도형 표준화 정책으로 귀결되며, 급식서비스(VSSE)와 식사 배달서비스(EAR)로 양분된다. 독일 연방정부의 후원으로 독일영양학회(DGE)가 단체급식 또는 이동급식 관련한 급식 표준화 기준을 마련하고, 이에 대한 인증제도를 실시하고 있다.

독일의 급식표준화(DGE-VSSE) 구축은 2008년 독일연방정부 부처인 영양·농축산식품부(BMEL)와 보건복지부(BMG)가 독일영양학회(Deutschen Gesellschaft fuer Ernaehrung : DGE) 에 영유아부터 노인까지 각 생애주기별 식생활 관련된급식표준화 과제 추진을 일임하면서 2009년에 시작되었다.

⟨ 독일 요양시설 및 재가노인 이동급식 표준인증제 도입 배경 ⟩

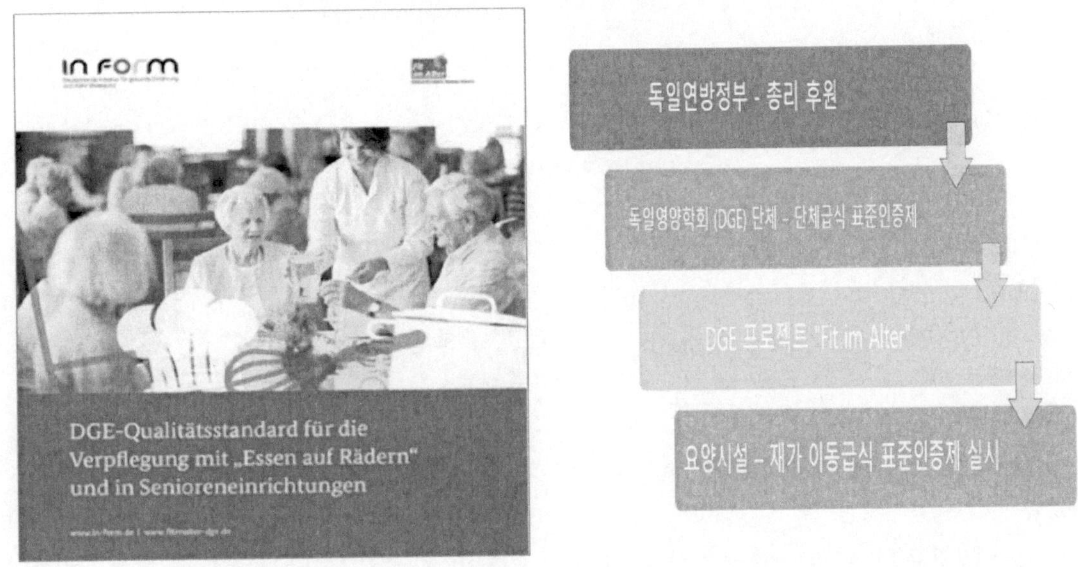

그림 129 독일 요양시설 및 재가노인 이동급식 표준인증제 도입 배경

그림 130 DGE(2015). DGE-Qualitaetsstandard fuer die Verpflegung in stationaeren Senioreneinrichtungen

급식표준화를 도입한 시설들은 국가인증 로고인 FIAZ 로고를 사용할 수 있음 FIAZ는 일반인증(Fit im Alter-Zertifizierung)과 프리미엄인증(Fit im Alter-Premium- Zertifizierung)의 두 가지로 구분된다.

일반인증은 식사의 질적 표준화의 3가지 중점요소인 식재료, 식단과 조리과정, 그리고 식사환경에서 그 요구사항을 만족시켰을 경우 획득할 수 있다.

프리미엄 인증은 일반인증의 3가지 중점요소뿐만 아니라 식사서비스를 위한 식단의 영양소함량을 권장량에 준하여 최적화하여야만 획득할 수 있다. 이를 위해서는 최소 6주간에 대한 식단을 미리 제시해야 하고, 이 중 최소한 7일이상의 식단에 대한 영양소함량이 최적화 수준인지를 입증해야한다.

단체 급식서비스 표준화(DGE-VSSE)의 목적은 아래와 같다.
① 시설 운영 주체가 영양요구량을 충족시키고 균형잡힌 식사를 준비할 수 있도록 지원
② 입소노인들이 완전한 영양균형 식사를 제공받을 수 있도록 지원함
③ 급식표준화를 통해 조리와 관련된 실무를 지원함

급식표준화작업은 축적된 최신 연구결과물들을 기반으로 수행하였고, 그 대표적인 것이 D-A-CH의 Referenzwerte의 영양섭취 권장량이다.

DGE의 QS-VSSE는 시설의 운영 및 결정권자, 그리고 요양시설의 요양서비스종사자 전원을 위한 표준화시스템이며, 운영책임자, 조리실 운영자 및 조리인력, 요양서비스 인력, 식재료 및 식품 공급업체 모두가 참여대상자이다. 이 밖에도 QS-VSSE는 식사 환경과 식사공간 및 식탁차림, 서비스와 의사소통에 대해서도 관련 가이드를 제시한다.

관리범위	내용
수분섭취	수분섭취는 노인기에는 갈증을 느끼는 자극이 퇴화되면서 탈수의 위험이 높아지기 때문에 관리범위에 포함됨 1인 1일 1.5리터의 수분을 섭취할 수 있도록 계획을 세우고, 설사나 발열, 더위, 활동량 등에 따른 수분요구량 증가를 고려하며, 수분공급과 섭취량에 대한 프로토콜을 작성 필요
식재료의 선택과 식단구성	식재료의 선택과 관련하여 독일 영양학회(DGE)는 7가지 식품군에 대한 식재료의 선택 표준을 제시하고 있음. 또한 전처리 식재료에 대해서는 5가지의 등급으로 사용원칙을 두고 적용하고 있음. 식단의 구성은 1일 배식 및 주 7일 배식의 원칙으로 식단에 들어가는 각 식품군의 식재료의 빈도 기준을 제시함
조리구성	- 지방을 적게 사용하는 조리법 - 튀김음식의 빈도는 주 3회 이내 - 채소나 감자는 영양소파괴 최소화를 위해 찜이나 볶음, 굽기 등의 조리법 - 조미용 허브는 말리지 않은 신선한 것 사용 - 설탕 사용은 최소한으로 자제 - 요오드소금의 사용
특수상황의 관리	질병이나 섭취 기능의 저하와 관련한 상황에서의 급식 제공 (저작곤란과 연하장애에서의 식사형태, 치매가 있는 경우의 식사, 비만관리, 당뇨식 지원 등)

표 82 고령친화식장 현황 및 활성화 방안, 한국농촌경제연구원

배달 식사서비스 표준화(EGE-QS fuerEssen auf Raedern) 추진 배경 및 목적은
아래와 같다.

• 독일에서 배달 식사서비스(EAR)는 이미 60여 년의 역사를 가진 일반적인 유통형태
임
• 오랜 시간에 걸쳐 고령친화식품산업으로 자리매김이 되었지만 공급되는 노인식사의
영양충족 여부, 맛, 형태의 적합성 등이 검증되거나 평가되지 않는 등 많은 문제점이
있었음
• 이러한 애로사항 개선을 위하여 독일의 배달 식사서비스 표준화는 앞서 살펴본 단
체 급식서비스 표준화(DGE-VSSE)에 이어 2010년부터 추진되고 있으며 추진 목적은
단체 급식서비스 표준화와 결이 같음

표준화의 주요 내용은 아래와 같다.
• 일반적으로 배달 식사서비스(EAR)는 생산자에 의해 조리·생산되고, 공급자가 따듯
하게 먹을 수 있는 상태로, 준비된 배달시스템을 가동하여 집 앞까지배달하는 것이지
만, 냉장·냉동식품을 따듯하게 데워서 배달하거나 냉장·냉동 상태로 배달하기도 함
• 점심식사만을 제공하는 경우 식품군별 적용 빈도 수가 달라지지만 식단작성, 식품
선별, 전처리 식품의 적용, 조리과정의 원칙, 식품보관온도 및 시간, 관능, 영양소 공
급원칙, 식품위생 등에서는 단체 급식서비스 표준화기준(DGE-VSSE)과 흡사함
• 배달 식사서비스(EAR)는 고객과의 대면 서비스가 이루어지므로 고객과의 관계 구축
과 식사배달을 위한 운반 및 공급시스템이 추가되며, 표준화 고객 중심의 서비스 체
계 구축을 위해 제공메뉴와 서비스 관련 표준 계약서 작성, 배송관련 협의 등의 규정
이 있음.

2) 국내 동향

국내 고령친화식품 시장규모는 2018년 3조 869억원으로, 연평균 13%로 성장하여 2024년에는 약 6조 2,561억원에 달할 것으로 전망된다.

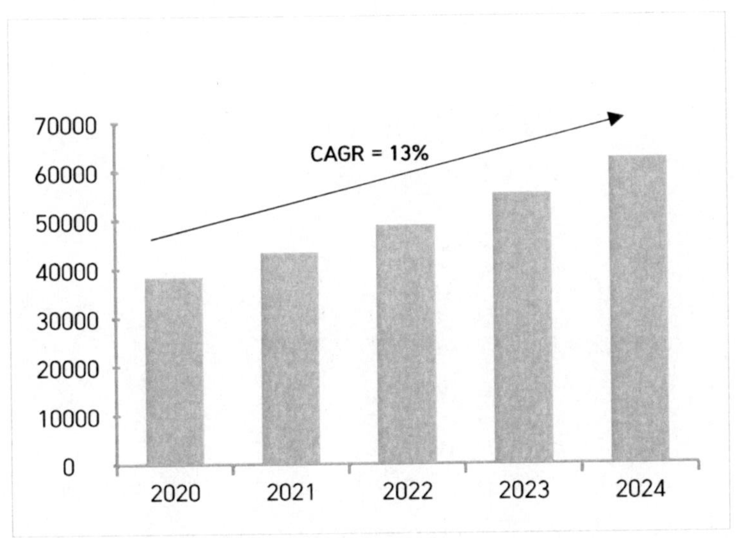

그림 131 국내 고령친화식품 시장 규모 (단위 : 억 원)

국내 고령화율은 2019년 기준 14.9%로 고령 사회에 해당하며, 2067년에는 46.5%까지 증가할 전망이다. 고령화율과 기대수명이 증가함에 따라 노령인구 부양비율이 증가하고 있고, 이에 따라 고령친화산업의 시장규모는 지속적으로 성장할 것으로 예상된다.

고령친화제품 중 '건강기능식품 및 급식서비스'를 '노인을 위한 식품 및 급식서비스'로 확대하는 고령친화산업진흥법 시행령이 개정되어('21.3) 주로 환자용 식품 위주의 고령식품을 고령자 모두를 위한 식품으로 확대, 고령친화산업에서 식품분야를 주요 유망산업으로 성장시키고자 한다.

한국의 고령친화식품 시장이 계속해서 확대될 것으로 전망됨에 따라 국내 식품제조업체들은 고령친화식품 브랜드 강화 및 제품군 확대를 추진하고 있다. 건강식, 특수용도식 등 기능성 식품 제품 기업 중심으로 고령친화식품 제품 및 급식서비스를 확대하고 있다.[34][35]

---

34)) 통계청(2019.03). 장래인구특별추계:2017~2067
35) 식품의약품안전처(2020.10.01.).식품공전,보건복지부(2021.03.09.).고령친화산업진흥법시행령

가) 고령친화식품 시장[36]

고령친화식품은 케어푸드, 실버푸드, 시니어푸드 등으로도 불리며 음식물의 섭취와 소화에 어려움을 겪는 고령층을 대상으로 한 식품을 뜻하고 고령화지수가 높은 한국의 고령친화식품 시장은 계속해서 확대될 것으로 전망됨에 따라 기업들의 해당 시장 진출 또한 점차 증가하는 추세다.

풀무원 푸드머스의 풀스케어는 2015년 만들어진 시니어 전문 브랜드로 고령층의 저작 능력을 4단계로 분류한 단계별 맞춤 상품 등 고령자 전용 식사부터 디저트, 건강 보조제까지 다양한 제품군을 보유하고 있다.

현대그린푸드는 지난 2016년부터 '케어푸드'를 차세대 성장동력의 하나로 정해 사업을 준비해 왔다. 2016년 연화식 개발에 나선 후, 이듬해 국내 최초로 기업과 소비자간 거래(B2C) 연화식 브랜드(그리팅 소프트)를 론칭했다.

아워홈은 2020년부터 B2B로만 출시되던 연화간편식을 B2C로 확대, CJ프레시웨이와 시니어 요양 전문기업 비지팅엔젤스코리아가 합작한 브랜드 '헬씨누리'는 노년층을 위한 연화식·저염식·고단백 식품을 개발하고 있다.

신세계푸드의 고령친화식품 전문 브랜드 '이지밸런스'는 지난 2020년 1월 신규 개발한 연하식 소불고기 무스, 닭고기 무스, 가자미 구이 무스, 동파육 무스, 애호박 볶음 무스 등 5종을 새롭게 내놓았다. 이들 제품은 음식 본연의 맛을 구현하면서도 삼킴이 편하고 혀로 가볍게 으깨 섭취할 수 있을 정도로 경도, 점도, 부착성 등을 조절해 만든 것이 특징이다. 별도의 조리과정 없이 용기째 중탕 또는 콤비 오븐에서 가열후 섭취할 수 있다.

특허청에 자체 개발한 연하식 및 영양식 제조 기술에 관련된 특허 4건을 출원해 등록을 완료했다.

신세계푸드는 씹는 것이 어려운 소비자 대상으로 각종 연하식 반찬류를 제조해 병원·요양원 등 기업간 거래(B2B) 시장 위주로 공급 중이다.

아워홈은 2020년부터 기업간 거래(B2B)로만 출시되던 연화간편식을 기업과 개인간 거래(B2C)로 확대, CJ프레시웨이 브랜드 '헬씨누리'는 노년층을 위한 연화식·저염식·고단백식품을 개발하고 있다.

---

36) 전업농신문(http://www.palnews.co.kr)

건강기능식품 전문기업들은 소수의 유사 카테고리 식품군을 제조·판매하며, 해당 카테고리를 기준으로 제품군을 확장해 나가고 있다. 특수의료용도 등 식품전문기업들 역시 다양한 카테고리의 브랜드 및 식품군을 제조하는 종합식품기업으로 환자식 관련 브랜드를 보유하고 있다.

나) 건강기능식품 시장

건강기능식품 전문기업들은 소수의 유사 카테고리 식품군을 제조·판매하며, 해당 카테고리를 기준으로 제품군을 확장해 나가고 있는 모습을 보인다.

정식품은 1973년 설립된 기업으로 1991년 환자식 특수영양식품 그란비아 발매를 시작으로 일반식, 전문식, RTH, 점도증진제 등의 다양한 용도의 제품을 출시하고 있으며, 제조공정 중 영양소 파괴율, 환자의 소화 흡수율 등을 종합적으로 고려한 제품군을 개발하고 있다.

일동후디스는 분유 및 이유식, 영양 보충용 식품, 건강보조식품 등을 판매하고 있으며, 건강과 활력을 위한 영양관리와 소화가 용이한 제품을 필요로 하는 고령층 대상으로 고단백 음료, 홍삼진액, 오메가3, 프로바이오틱스 함유 관련 제품을 판매하고 있다.

남양유업은 유아용 조제분유 생산 기업으로 설립되어 우유 및 유제품, 음료, 영양보조식 등을 주로 제조·판매하고 있으며, 대표적인 건강기능식품인 하루근력 제품군은 중장년층을 위해 활력과 자기 방어에 도움이 되는 농협 홍삼 6년근을 사용하여 기본 음료 형태 대비 영양 성분을 강화한 제품이다.

다) 특수의료용도식품 시장

특수의료용도 등 식품 전문기업은 다양한 카테고리의 브랜드 및 식품군을 제조하는 종합식품기업으로 환자식 관련 브랜드를 보유하고 있다.

2018년 출범한 대상라이프사이언스는 제품 브랜드로 환자용 균형 영양식 '뉴케어'를 보유하고 있으며, 제대로 된 영양 한끼 '마이밀' 등의 온라인 전문 건강식품 브랜드 제품을 제조 및 판매하고 있다. 뉴케어의 경우 수술을 마친 환자 혹은 고령자를 위한 일반식으로 마시는 형태의 쉬운 섭취 방법과 한 끼 식사의 영양소를 모두 포함한 식품으로 당뇨 등 전문 질환을 위한 맞춤 케어도 제공하고 있으며, 마이밀은 부족한 단백질을 보충하기 위해 마시는 형태의 영양 보조식품이다. 또한 대상라이프사이언스는 석류 히비스커스/클로렐라 등 안티에이징 식품도 있으며, 끊임없는 R&D를 통해 당뇨와 신장질환, 연하곤란, 치매와 같은 특수질환 예방 및 영양보충을 위한 제품을 개발하고 있으며, 기존의 일본 의존적인 고령친화 식품 개념에서 벗어나 새로운 시장을 구축하기 위해 차의과학대학교, 코픽푸드, 건국대학교와 영양성분 고농도 코팅 및 효소 코팅 기술을 통한 새로운 연화제 개념의 소스를 개발 중에 있다.

매일유업은 우유 및 유제품, 음료와 함께 단백질과 필수아미노산 등 영양성분을 한층 강화한 셀렉스를 선보이고 있으며, 당뇨식, 신장식, 고단백식 등의 특수영양식과 균형영양식 등을 제조·판매하고 있다.

라) 소비자 인식

고령친화식품을 처음 알게 된 경로는 인터넷 뉴스 기사를 통해서가 24.2%로 가장 높은 비율로 나타났으며, 그 다음으로는 TV광고/프로그램(22.7%), 주변사람들의 추천/입소문 (17.5%)등의 순으로 나타났다.

남성은 인터넷 뉴스 기사를 통해서(30.0%) 고령친화식품을 인지하게 된 비율이 가장 높은 반면 여성은 TV 광고/프로그램을 통해서(25.9%) 인지하게 된 비율이 가장 높았다. 60대(7.7%)는 40-50대(40대 3.6%,50대1.7%) 대비 친목 모임 시설을 통해서 고령화식품을 알게 된 비율이 높은 편이었다.

구분	남성				여성			
	소계	40대	50대	60대	소계	40대	50대	60대
사례수	390	91	171	128	410	92	179	139
들어본 적 있다	33.3	34.1	28.7	39.1	33.9	30.4	33.0	37.4
들어본 적 없다	66.7	65.9	71.3	60.9	66.1	69.6	67.0	62.6

[표 83] 고령친화식품 인지도 (단위: %)

소비자들은 고령친화식품에 대한 정보를 찾아볼 때 고령친화식품의 필수 영양소 함유(26.4%) 여부를 가장 고려하고 있었다. 필수영양소 함유 여부는 60대 남성(31.3%)이 가장 중요하게 고려하고 있으며, 40-50대에서는 남성보다는 여성이 더 중요하게 고려하고 있는 것으로 조사되었다.

소비자들은 안전성(19.6%)도 중요하게 고려하는데 고령친화식품 인증이 붙은 제품을 더 신뢰하고 안전하다고 느끼는 것으로 나타났다. 60대보다는 40-50대가 조리/취식의 편의성을 더 중요하게 고려하고 있었다. 조리/취식이 간편하면 고령자가 혼자 있을 때 간편하게 먹을 수 있기 때문에 고령친화식품 정보 탐색 시 중요하게 고려하는 것으로 판단된다.

	전체 (1+2+3순위 / 1순위)	남성 소계	남성 40대	남성 50대	남성 60대	여성 소계	여성 40대	여성 50대	여성 60대
사례수	(800)	(390)	(91)	(171)	(128)	(410)	(92)	(179)	(139)
필수 영양소 함유	59.8 / 26.4	25.9	25.3	22.2	31.3	26.8	29.3	25.1	27.3
안전성	48.4 / 19.6	21.3	27.5	21.1	17.2	18.0	15.2	20.7	16.5
조리/취식의 편의성	62.3 / 16.8	16.2	17.6	16.4	14.8	17.3	18.5	19.6	13.7
맛	36.8 / 12.1	12.3	6.6	15.2	12.5	12.0	10.9	12.3	12.2
국내산 원재료	19.1 / 7.8	7.7	12.1	7.0	5.5	7.8	9.8	6.7	7.9
조리 형태	18.0 / 3.8	2.8	2.2	3.5	2.3	4.6	3.3	4.5	5.8
구입 용이성	16.4 / 3.5	3.1	2.2	3.5	3.1	3.9	3.3	3.4	5.0

[그림 133] 고령친화식품 정보 탐색 시 고려 요인 (단위: %)

소비자 인식 조사 결과 소비자들은 고령친화식품에 관해 기능성 식품, 인증 제도, 구입비 지원, 식단 개발이 필요하다고 생각하고 있었다. 고령친화식품과 관련해 '고령자에게 많이 발병하는 질환과 연관된 식품 개발(79.1%)', '고령친화식품에 대한 별도의 인증(75.8%)', '고령자를 위한 별도의 식품구입비 지원(69.4%)', '식품보다는 식단으로 발전(69.0%)'에 대한 수요가 큰 것으로 나타났다. 반면 '현재 환자식 제품 대부분이 고령자를 위한 제품이라 생각(42.1%)'하거나 '현재 고령자를 배려한 다양한 식품이 존재한다(41.0%)'는 데에 동의한다는 비율이 낮게 나타났다.

소비자들은 고령친화식품이 고령자를 위한 균형 잡힌 영양소가 들어있고, 소화가 잘 되고 씹고 삼키기 쉬우며 조리 및 취식이 편리한 식품이어야 한다고 생각하고 있었다. 고령친화식품에 필요한 속성별 중요도를 조사한 결과, 균형 잡힌 영양소(90.5%), 소화가 잘 되는 식품(90.1%), 씹기 쉽고 부드러운 식품(88.0%), 삼키기 좋게 농도·점도를 고려한 식품(87.0%), 저염·저당 등 건강을 고려한 식품(84.9%), 조리가 간편하거나 바로 먹을 수 있는 식품(80.3%), 개인 맞춤 식재료로 만든 식이요법 식품(70.4%) 순으로 조사되었다.

치아가 좋지 않아 음식을 섭취하지 못할 경우 영양 부족 상태가 될 수 있고, 코로나 19 사태로 면역력이 더욱 중요해지고 있어 고령친화식품은 균형 잡힌 영양을 공급해주어야 한다는 인식이 증대되고 있다.
고령친화식품으로 제품 개발이 가장 필요한 품목으로는 즉석조리식품, 신선편의식품, 즉석섭취식품 등 가정간편식과 건강기능식품 및 양념육을 우선시 하며, 선호하는 구입 채널은 대형할인점, 온라인 쇼핑몰, 중/대형 슈퍼 순으로 조사되었다.

고령친화식품 향후 제품 수요 조사 결과, 즉석조리식품(56.3%), 신선편의식품 (47.0%), 건강기능식품(43.0%), 즉석섭취식품(37.9%), 양념육(36.8%), 단백질보충제 (35.8%), 두부/묵류(26.8%), 수산가공품(25.6%), 전통 장류(25.4%), 인삼/홍삼 제품류 (24.3%) 순으로 나타났다.

고령친화식품 구입 채널로는 대형할인점(37.1%)이 가장 높은 선호도를 얻었고, 온라 인 쇼핑몰(19.8%), 중/대형 슈퍼(10.9%), 체인점형 슈퍼(7.8%), 동네 소형 슈퍼 (5.4%), 편의점(5.0%) 순으로 나타났다.

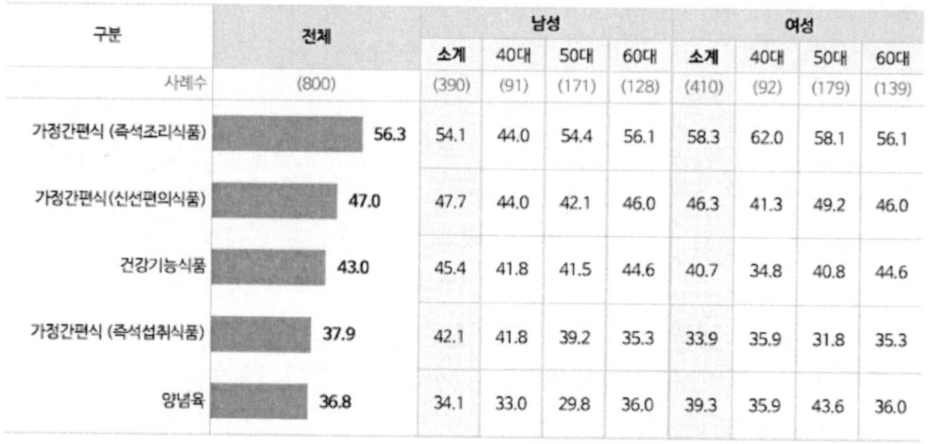

구분	전체	남성				여성			
		소계	40대	50대	60대	소계	40대	50대	60대
사례수	(800)	(390)	(91)	(171)	(128)	(410)	(92)	(179)	(139)
가정간편식 (즉석조리식품)	56.3	54.1	44.0	54.4	56.1	58.3	62.0	58.1	56.1
가정간편식 (신선편의식품)	47.0	47.7	44.0	42.1	46.0	46.3	41.3	49.2	46.0
건강기능식품	43.0	45.4	41.8	41.5	44.6	40.7	34.8	40.8	44.6
가정간편식 (즉석섭취식품)	37.9	42.1	41.8	39.2	35.3	33.9	35.9	31.8	35.3
양념육	36.8	34.1	33.0	29.8	36.0	39.3	35.9	43.6	36.0

[그림 134] 고령친화식품 필요 제품(복수응답) (단위: %)

마) 고령친화식품 우수성 실증사업 착수

농식품부는 지난해부터 고령친화식품산업 활성화 방안의 일환으로 고령친화식품의 우수성에 대한 과학적 근거자료 확보를 위해 전문가 자문 및 관련 지원사업 벤치마킹 등을 통해 실증연구 추진 계획을 수립해 왔다.

이번 실증연구에 참여하는 기관은 2022년 3월부터 한 달간 공고모집을 통해 식단제 공 기관은 전주시 소재의 지역자활센터 등, 효과검증 기관은 경희대학교가 선정됐다.

각 실증연구에 참여하는 기관에서는 영양전문가 협의체 운영을 통해 고령친화식단을 구성했고, 지역자활센터는 도시락 배달, 노인요양시설에서는 급식 형태로 실증대상자 에게 제공할 방침이다.

경희대학교에서는 고령친화식단이 제공된 고령자를 대상으로 영양상태 개선, 만족도 향상 등 모니터링을 통해 효과에 대한 과학적 분석을 진행하게 된다.

고령친화식품 식단제공과 함께 식생활과 관련된 교육 추진을 통해 주의가 필요한 음식섭취 행동과 문제점을 개선하고 올바른 식생활 문화를 유도해 고령자 건강증진 효과에 도움을 줄 것으로 기대된다.

이와 관련해 농식품부 전한영 식품산업정책관은 "이번 실증사업은 정부에서 지정한 제품이 포함된 고령친화식단을 고령자에게 제공해 영양개선 등 효과검증을 추진함으로써 고령자 대상 공공급식 영양관리 체계 구축의 기반이 마련될 것"이라며 "노인요양시설 등 관련 기관에 고령친화식품의 우수성 홍보를 통해 인지도를 제고하고, 관련 산업 활성화를 위해 지속적으로 제도개선을 추진하겠다"라고 밝혔다.

아울러, 실증기간인 2022년 10월까지 고령친화우수식품 지정제도를 통해 지정되는 제품은 실증사업에 추가적으로 반영할 방침이며, 지난해 2개소만 운영했던 실증사업을 2023년에는 4개소로 확대해 추진할 계획이라고 전했다.

08

참고문헌

8. 참고문헌

1) 의사들이 추천하는 5가지 슈퍼푸드, 코리아헤럴드, 2014.07.10.
2) 2020 해외 우수 식품특허 트렌드북I, 농업기술실용화재단, 2020
3) 2018 가공식품 세분시장 현황, 특수의료용도등식품 시장, 농림축산식품부, 2018
4) Food for special medical purposes, 특정의료용도식품
5) 2018 가공식품 세분시장 현황, 특수의료용도등식품 시장, 농림축산식품부, 2018
6) RTH: Ready To Hang의 약어로 세균오염을 최소화하기 위해 멸균 처리된 포장된 제품을 그대로 주
입하는 방법을 의미함
7) 2022 가공식품 세분시장 현황, 특수의료용도등식품 시장, 농림축산식품부, 2022
8) 2021 해외 우수 식품특허 트렌드북I, 농업기술실용화재단, 2021
9) 2022 가공식품 세분시장 현황, 특수의료용도등식품 시장, 농림축산식품부, 2022
10) 2021 해외 우수 식품특허 트렌드북I, 농업기술실용화재단, 2021
11) 2018 가공식품 세분시장 현황, 특수의료용도등식품 시장, 농림축산식품부, 2018
12) 2020 해외 우수 식품특허 트렌드북I, 농업기술실용화재단, 2020
13) aTFIS와 함께 읽는 식품시장 뉴스레터, 특수의료용도등식품 , 2021
14) 2018 가공식품 세분시장 현황, 특수의료용도등식품 시장, 농림축산식품부, 2018
15) 2018 가공식품 세분시장 현황, 특수의료용도등식품 시장, 농림축산식품부, 2018
16) 인간의 아미노산 필요와 소화하는 능력 모두에 기초하여 단백질의 품질을 평가하는 방법으로 1의
PDCAAS 값이 가장 높고, 0이 가장 낮다.
17) 2020 해외 우수 식품특허 트렌드북I, 농업기술실용화재단, 2020
18) 2018 가공식품 세분시장 현황, 특수의료용도등식품 시장, 농림축산식품부, 2018
19) 식품 R&D 이슈보고서 2 메디푸드 및 고령친화식품 동향 보고서
20) Frequently Asked Questions About Medical Foods, Food and Drug Administration, 2016.05
21) FDA'S Policy on Medical Foods, EAS CONSULTING GROUP, 2018.01.24
22) 미국 FDA가 인정하는 의약품 품질관리 기준
23) 식품위생법, 2017.12.19. 일부개정
25) 한국식품산업협회(www.kfia.or.kr)
26) 식품위생법, 식품위생법 시행규칙
27) 식품이력관리시스템(www.tfood.go.kr)
28) 2020 가공식품 세분시장 현황 -고령친화식품, 한국농수산식품유통공사, 2020
29) 2020 가공식품 세분시장 현황 -고령친화식품, 한국농수산식품유통공사, 2020
30) aTFIS와 함께 읽는 식품시장 뉴스레터, 고령친화식품 , 2020
31) 2021 해외 우수 식품특허 트렌드북I, 농업기술실용화재단, 2021
32) "초고령사회 성큼…한국형 고령친화식품 판 키운다" / 전업농신문
33) 식품 R&D 이슈보고서 2 메디푸드 및 고령친화식품 동향 보고서
34) 통계청(2019.03). 장래인구특별추계:2017~2067
35) 식품의약품안전처(2020.10.01.).식품공전,보건복지부(2021.03.09.).고령친화산업진흥법시행령
36) 전업농신문(http://www.palnews.co.kr)

초판 1쇄 인쇄 2021년 5월 12일
초판 1쇄 발행 2021년 6월 07일
개정판 발행 2023년 3월 13일

편저 비피기술거래 비피제이기술거래
펴낸곳 비티타임즈
발행자번호 959406
주소 전북 전주시 서신동 780-2
대표전화 063 277 3557
팩스 063 277 3558
이메일 bpj3558@naver.com
ISBN 979-11-6345-429-8(93590)
가격 66,000원

이 도서의 국립중앙도서관 출판예정도서목록(CIP)은 서지정보유통지원시스템홈페이지
(http://seoji.nl.go.kr)와국가자료공동목록시스템 (http://www.nl.go.kr/kolisnet)에서 이용하실 수 있습
니다.